连接的力量

杨珑颖　孙　健　著

北京理工大学出版社
BEIJING INSTITUTE OF TECHNOLOGY PRESS

图书在版编目（CIP）数据

连接的力量 / 杨珑颖, 孙健著. —北京：北京理工大学出版社，2016.5
ISBN 978-7-5682-1776-7

Ⅰ. ①连… Ⅱ. ①杨… ②孙… Ⅲ. ①互联网络 – 研究 Ⅳ. ①TP393.4

中国版本图书馆CIP数据核字（2016）第011465号

出版发行 / 北京理工大学出版社有限责任公司
社　　址 / 北京市海淀区中关村南大街 5 号
邮　　编 / 100081
电　　话 /（010）68914775（总编室）
（010）82562903（教材售后服务热线）
（010）68948351（其他图书服务热线）
网　　址 / http：//www. bitpress. com. cn
经　　销 / 全国各地新华书店
印　　刷 / 北京泽宇印刷有限公司
开　　本 / 710 毫米 × 1000 毫米　1/16
印　　张 / 21.25
字　　数 / 231千字
版　　次 / 2016 年 5 月第 1 版　2016 年 5 月第 1 次印刷
定　　价 / 38. 00 元

责任编辑 / 施胜娟
文案编辑 / 施胜娟
责任校对 / 周瑞红
责任印制 / 李志强

序 言

当下，微信朋友圈、微博、贴吧、讨论组等各种各样的社交网络形态，使人与人之间的连接变得越来越灵活，越来越便捷。互联网时代，如何应对和管理自己的社交网络，打造出共赢共生的商业圈子也成为每个现代人急需了解和掌握的一门学问。

社交能力和社交网络的重要性不言而喻。有一句话说得好：看一个人的朋友圈在发什么，就知道他处于社会的什么阶层。你和谁在一起很重要，因为他们改变着你的成长轨迹，决定了你将成为什么样的人。

在加入新思想之前，我曾有过一段时间的营销工作经历。在销售工作中，我除了为企业创造出一个又一个销售奇迹外，更多的是为我了解他人、读懂他人，以及从人性的角度解决销售难题提供了很好的演练。直到我加入新思想，从两个人起家发展到数千人的团队，将公司的营业额，从每月的数万元做到每月的数千万元，在全国建立了100多家分公司。在这些数字的背后，我忽然意识到销售中所有的问题，最终集中在人的问题上。只要解决了人与人之间信任的终极问题，那么关于销售业绩倍增，经营狼性团队，创立自动化企业，建立幸福家庭将不再是难题。

这也促使我花费数年时间研究心理，从心理学、营销学的角度，我不断地挖掘每个人面对销售和被销售时的状态和心理活动，并通过大量的实践演练找到了解决销售过程中关于沟通、共鸣、成交中的每一个难点，这也就有了我今天备受学员欢迎的关于人性营销的品牌课程。每次课中或者课后都有学员对我说，“杨老师，我终于明白了营销高手是如何打天下的”。这时候，我非常欣慰，毕竟，能够帮助学员实现业绩倍增是我以及新思想公司始终如一的追求。

在研究过程中，我和我的团队成员，以及与我非常要好的朋友们，对各类社交沟通、自我管理、引导他人等问题进行了很好的探讨和总结，这也便有了当下这本书的出版。

此书的出版非常感谢新思想控股集团的创始人周文强董事长——一个真真正正有大爱的企业家导师。因为他的大爱和慈善，我们将出版更多有助于实现中国创业梦，帮助更多社会人士实现财务自由、身心富足的图书！同时也非常感谢和我一起出版这本书的黄金搭档孙健老师，他的付出让我觉得人生更加幸运。

本书是围绕社交网络的选择，社交网络的经营，对社交网络中各种问题的规避、处理以及如何完善社交网络来展开的。在社会交往中，人和人之间的交流可以说是一场“心理战”。掌握主动权的一方往往是抓住了对方的弱点，进而通过各种心理技巧处理好人与人之间的互动关系。

在本书中，我们将运用丰富的心理学知识，为读者解答社会交往中存在的各种困惑，从而提高读者的社交能力。每一章节都会涉及经典的社交案例和心理学点评，以及我们为读者提供的社交建议。除此之外，我们还增加了一个重要的板块——解疑答惑，我们请专门的心理学老师针对网友们的社交难题做了细致解答，希望能解除读者朋友心中的困惑。

阅读只是与作者的一次浅层次沟通，如果这样仍然不能解答你心中的困惑，或者你希望与杨老师建立直接的联系，不妨扫一扫，相信连接的力量。

你最好的朋友：杨珑颖

2015年5月

目录

第一章
社交网络决定未来

人类在连接中创造财富，社会在连接中实现进步。每一个人都需要找到自己的正确定位，让良师和益友来推动我们收获成功。

第二章
找对的人做对的事

古人云，居必择乡，游必就士。无论任何人，唯有远邪近正，择邻而居，择善而从，在良好的环境中与对的人做正确的事儿，才能借势立德，成就伟业。

第三章
优雅地与人交往

子曰，不学礼，无以立。想要给人留下良好的第一印象，并为自己赢得做事机会，在礼仪得当的基础上自信的表达、深入的交流，以及保持一颗宽容之心，都是不可或缺的成功要素。

第四章
有效利用优质资源

优质的社交资源就好比一座金矿，如果你不懂得有效利用和挖掘，那么，它就是一片废墟。找到正确的方法，让身边的人与自己完美合作，彼此共赢，才是真正的成功之道。

第五章
没有陌生人的世界

朋友就像是一座座浮桥，不仅能够帮助你渡过江河，还可以帮你看到其他的浮桥和风景，当你通过一个朋友认识更多朋友的时候，能够帮助你抵达成功彼岸的助力便会越来越多，这就是社交的魅力。

第六章
维护情谊小事不小

人类是最坚强也是最脆弱的感情生物，往往一个微末的细节就会造成心灵上难以修复的创伤，所以，在社会交往中，我们务必记住“小事成就大事，细节成就完美”。

第七章
优质资源也需要滚雪球

社会交往中，摩擦是最常见的元素，很多人畏惧处理朋友间的矛盾，而事实上，问题就是机会，正所谓，物有本末,事有终始。当我们把矛盾逐一解决时，我们所收获的便是成功。

第八章
无规矩，不成方圆

顺水行舟易，大鹏乘风起。无论是自然界还是人类社会，规则始终是客观存在的，在社会交往中亦是如此，当你积极遵守那些科学的社交规则时，你就能获得群体的认可和拥戴。

第九章
永远保持独立性

社交网络中蕴藏着无尽的机会，同样也潜伏着许多危机，只有在交往中求同存异，坚持自我，有效规避那些骗局和陷阱，我们才能保证自己在交际中立于不败之地。

第十章
共赢的世界

友谊也需要用心经营，只有当你足够优秀的时候，才能吸引同样优秀的人，社交网络中的优质资源才能够在最大程度上地为你们彼此的互惠互利作出贡献。

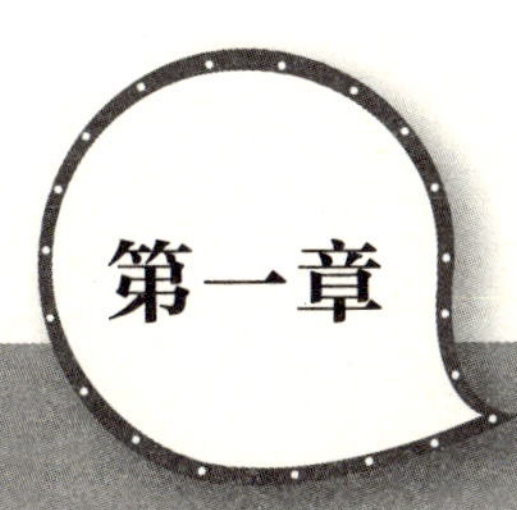

第一章 社交网络决定未来

人类在连接中创造财富，社会在连接中实现进步。每一个人都需要找到自己的正确定位，让良师和益友来推动我们收获成功。

马龙·白兰度离我们有多远

社会是一张网，谁都无法独自生存，

我们与他人之间始终处于连接和被连接的状态。

请帮烤肉店老板找到马龙·白兰度

在新闻界流传着这样一个故事。

在德国，有一家报纸为了提高发行率，设计了一项艰巨的挑战。这项挑战是探索人与人之间的联系到底有多密切。具体的要求是：帮助法兰克福的一位土耳其烤肉店老板找到他和他最喜欢的影星马龙·白兰度之间的联系。

马龙·白兰度是美国著名的电影演员，是百年来最伟大的男演员之一，其代表作是黑帮电影《教父》。马龙·白兰度的性格也是不羁、放荡，甚至有些狂妄。电影界评论他的性格特征是：沉默，但感情丰富；敏感，能察觉每一丝动静，能看破人心；固执，出人意料地坚守某些不属于自己的东西。这位名演员并不是一个好朋友、好丈夫，甚至不是一个好父亲，他臭名昭著，恶债累累。

找到一个无名小卒与一个性格古怪的名人之间的联系，可谓天方夜谭。

尽管这项挑战看上去很难，但是报社工作人员还是做了最大的努力。过了几个月，报社工作人员发现，这两个人只要通过几个人的私交，就能建立联系。

首先，这家烤肉店的老板是伊拉克的移民。恰巧，他有个朋友住在加州，他这个朋友的同事的女儿在女生联谊会上认识了一个结拜姐妹，而这个结拜姐妹的男朋友就是电影《这个男人有点色》的制作人。

这部电影的主演，正是马龙·白兰度。

这确实是一项艰巨的任务。不仅报社工作人员为这样的结果感到吃惊，看了这项报道的人对此也感到惊讶：原来，我们与周围的人是紧密地联系在一起的。

社交网络，让你与周围的人紧密相连

可以说，烤肉店的老板与大明星马龙·白兰度的生活是没有任何交集的。但是，通过对烤肉店老板周围的社交网络进行一步步深入的分析，我们发现：一个普通人和大明星之间也存在联系。话说回来，通过这种社交网络关系，我们也许可以认识周星驰，也许可以认识奥巴马。

我们不妨了解一下这种社交网络背后的奥秘。2006年，微软公司的人员通过一项MSN网上消息传递试验的研究证明：任何两个人之间平均需要6.6个人搭桥就能建立联系，中间值是7个人，最多的则是29个人。

也许有人对此试验不屑一顾，认为人与人之间并没有如此简捷的联系途径，因为，很多人并不擅长网络交流，他们之间的联系就无法有效地搭建起来。

但是，较真儿的美国社会心理学家米尔格兰姆早在20世纪60年代，就用连锁信件实验给了我们答案。

某日，居住在美国内布拉斯加州奥马哈市的160个人收到了一套连锁信件，这封陌生的来信由大学教授米尔格兰姆发出，他在信封中放了一个波士顿股票经纪人的名字，米尔格兰姆在信中提到，希望每个收信人将这套信寄给自己认为是比较接近那个股票经纪人的朋友，朋友收信后也依照同样的办法把信转发出去。

这些信件最终能寄到那个股票经纪人的手中吗？这看起来有些不可思议，有人甚至嘲笑米尔格兰姆："你干脆让他们寄给总统先生好了！"

一番质疑和嘲讽过后，似乎没有人还记得曾发生过这样一个异想天开的事件。然而几个月后，大部分信件在经过五六个人的转发后，都寄到了这个股票经纪人手中。

米尔格兰姆由此提出心理学中的"人际六度空间理论"：世界上任何两个人之间的间隔人数不会超过6个。也就是说，你如果想认识国民老公王思聪，或者是NBA球员小皇帝詹姆斯，你只需借你周边朋友之手，六七轮之后，你就可以和对方聊聊你感兴趣的话题了。

如果你想爱，每个人都可能是你的恋人；如果你想求助，每个人都是你的贵人。只是需要你打通其中的经脉，厘清你的社交网络，构建你的朋友圈。

发现你周边有用的社交关系

成功学领域的大师卡耐基说过："一个人的成功不在他的业务能力有多强悍，而是有85%的比例取决于他的社交关系经营与构建的情况，其中最重要的是他所拥有的社交网络和人际交往的平台。"事实上，我们处在一个高速信息化的时代。成功已经不是再依靠个人英雄主义，而是要看你的朋友圈里有几个有用的朋友。

你要建立能给你提供第一手资料的朋友圈。也就是说，要想发掘我们周边的社交关系，最重要的就是掌握信息资源，而想掌控信息资源，就要结交拥有这些资源的人。

当我们看那些在商业领域成功的人士时，总觉得他们的成功是天时地利的结果，却不会想到，在创业之初他们也曾为找到合适的合伙人四处出击。

小米成功后，大家忽然发现在雷军的身边聚集了一批各个领域内顶级的人才。对此，雷军谈到，在小米创业之初，他就从阿里巴巴十多年的创业历史中总结出了三个重要的观点，其中之一就是要找到几位超级靠谱的人。

而小米最重要的联合创始人林斌则是通过李开复介绍的。林斌曾在李开复主管谷歌中国区时担任谷歌中国工程研究院副院长。在任职期间，林斌主要负责移动互联网领域的研究，曾负责开发谷歌音乐搜索项目。通过李开复的介绍，雷军找到了小米事业中最完美的“一块拼图”。

有关社交关系的应用，我们不妨了解一下龟山太一郎的例子。龟山太一郎是日本三洋电机的总裁。他被同行誉为“情报人”，在信息收集和传递方面独具慧眼。由于对情报的汇集别有心得，他自创了一套“情报槽”理论。

他说：“信息从来都是从人的身上加以汇集，然后建档。如此一来，资料建档之后随时可以活用，对方也随时会有反应，就好像把活鱼放回鱼槽中一样。把情报放在人上，才能随时更新。”可以毫不夸张地说，人是传递信息的最关键因素。所以，我们的社交网络有多广泛，我们的信息来源就有多广泛。

我们可以在与这些朋友的交往中，收集我们需要的信息，并确定新的交际对象。一个人怀才不遇，在很大程度上就是因为他没有利用好周围的社交资源。

解疑答惑

小Q提问：我是一个心里特别渴望有好多好朋友的人，但是自己不会说话，性格内向，在公共场合比较胆小害羞。我想交更多的朋友，该怎么去改变呢?

作者回答：你其实是一个不太自信的人，尤其是在社会交往方面，这导致你没有勇气去结交新的朋友。如果你想拓展自己的交际圈，不妨试着改变一下自己的生活方式。你可以通过现在常联系的朋友慢慢结交更多的朋友，也可以多参加一些感兴趣的社会活动去认识更多的人。

小Q提问：我认识很多不同行业、不同阶层的人，但我的事业和人生还在原地踏步。为什么我找不到自己的“事业伙伴”呢?

作者回答：你有很多朋友，这已经是你很大的一笔财富了。只是，你抱着“金饭碗”，却不知道如何去应用它。想要找到你的事业伙伴还是要靠你自己。你可以在找准自己的奋斗方向后，根据事业的需要，把和你的事业联系最紧密的人作为今后的重点交往对象。相信经过一段时间的接触，你会有不小的收获。

比尔·盖茨和保罗·艾伦的珠联璧合

目光最短浅的人，

就是孤身战斗的人！

成功者的背后，总有很多支持者

10年前，王飞只不过是一个在山西地区苦苦挣扎的穷小子。但是，让大家没有想到的是，他现在已经是一位资产过亿的大企业家了。

在同学聚会的时候，他的大学同学问他："为什么你这样一个穷小子能够成功呢？"

王飞很认真地说："我的成功，全靠我的朋友。如果没有他们，现在的我可能还在老家哭穷呢！"

大学一毕业，王飞就应聘到广州的一家珠宝公司做销售助理。在做助理期间，他接触到了一批做各种生意的客户，并和他们成为朋友。这些朋友中不乏来广州投资生意的大老板。在其中几位大老板的帮助下，他加入了香港商会，并借机认识了更多成功人士。

王飞回忆说："那个时候，结交朋友几乎成了我的全部爱好。"

王飞每次出门，钱包可以不带，但怎么都不会忘记随身携带自己的名片。凡是遇到新的朋友，他都不忘递上一张名片。如果哪天他忘记了带名片就好像忘记了一件很重要的事情，会觉得浑身不舒服。就这样，他建立起了自己庞大的社交网络关系，并凭着自己的朋友圈做成了很多大买卖。

他说："似乎我的朋友们都是愿意帮助我的。所以，我的成功也就变得理所当然了。"

"孤身"战斗，会败得很惨

一个人的力量是极其有限的，有的人之所以那么成功，秘密就在于背后有众人对他的支持。

曾任切尼总统顾问团成员的旅美华人李维文讲过这样一个故事：

他的一个朋友在县城的化工厂待了7年，积累了一些技术和经验，并攒了10万元钱。这个朋友辞职后，开了一家小的化工贸易公司。他很有雄心，眼光也不错，在经营方面也有自己的一套理论。这个人可以说是一个做生意的人才。

然而不幸的是，两年之后，这个朋友的小公司就垮掉了。公司垮掉的原因很简单，就是因为资金周转不灵。在短时间之内，他没能够筹到钱。整个公司就撑不下去了。

这件事情从表面上看是这个朋友的资金出了问题，实际上并非如此。究其根源是他的社交网络不够广。一个人在小县城的化工厂待了7年，这足以让他成为一名技术高超的技工。但是，在他学到精湛技术的同时，这样一个小地方也禁锢了他的视野。换句话说，就是要成为一个成功的创业者，他的朋友圈还是太小了。

保罗·艾伦是著名的企业家，他与比尔·盖茨合创了微软公司。

1975年，艾伦跟盖茨联手在新墨西哥州的阿布奎基创立微软，开始销售BASIC解译器。

1980年，由艾伦牵头，微软以59 000美元买下名为QDOS的操作系统。当时，与IBM的协议期限迫近，盖茨与艾伦正为无法及时完成操作系统的开展而烦恼，而购入功能齐全的QDOS后，微软立即修改其代码以迎合IBM的要求。最后，微软的产品被IBM用作新电脑的操作系统，而这次合作亦成为微软日后壮大的垫脚石。

就像有人说，没有比尔·盖茨，也许就不会有微软，同样，如果没有保罗·艾伦，比尔·盖茨也不会有今天。他们能走到一起，并非偶然。比尔·盖茨说过："有时决定你一生命运的在于你结交什么样的朋友。"换句话说，你与怎样的人交往决定了你的未来。所以说，社交关系的质量决定了你的命运，你不得不重视和维护好你周围的社交关系。

很多时候，我们仅凭个人的力量很难处理遇到的难题。这正是心理学中常提到的"安泰效应"。一个人一旦脱离了相应条件，就会失去某种能力，所以说一个人的力量是极其有限的，想在竞争中取胜，他人的支持必不可少。如果一个人缺乏团体意识，那么他就错失了成功的捷径。当遇到大的灾难的时候，就需要你联合社交关系中的其他力量，靠大家来解决问题。毕竟"众人拾柴火焰高"，通过朋友找朋友确实是一条捷径。

绝处逢生，要靠集体的力量

想在事业上有所作为，就要依靠集体的力量，将他人的资源为我所用。因为，个人的精力再充沛也有一定的限度。同时，人人都有自己的长处，也有自己的不足，这就需要与人合作，取人之长，补己之短，让自己立于不败之地。

20世纪80年代初期，李嘉诚出任了十余家公司的董事长或者董事。也就是说，李嘉诚控制了这十余家公司的收益。但是，李嘉诚做出了一件让所有人都吃惊又佩服的事。

李嘉诚让自己的年薪保持在5 000港币。这个数字在当时的香港，只能赶上一名清洁工的工资标准。董事会的成员都以为李嘉诚会借职位之便，谋取个人私利。但是，李嘉诚并没有这么做。他的正直让很多股东都十分敬佩。所以，在日后办大事的时候，李嘉诚的主张很容易就得到了众人的支持。于是，他长期担任公司的大股东，这也给他带来了巨额的分红收益。

李嘉诚的成功不仅是因为他人品正直，更是因为他看到了集体的决定力量。于是，他主动采取措施，获得大多数人的认可，为日后的成功打下了基础。这也正说明在一个朋友圈里同伴的重要性。

我们在读书期间也常遇到这样的同学，他们经常一个人钻研问题。我们经常能够遇到喜欢独自一人做事的人，他们中的很多人都能成为某一领域的专家。但是，他们的生活十分单一，生活圈也很窄，很少有人能成为优秀的领导者。所以，喜欢单独行动的人，前途往往是狭窄的。

解疑答惑

小Q提问：我最近来到一个陌生的环境，周围的人对我都是爱理不理的样子，我该怎么打开一个缺口融入进去呢？

作者回答：每一个环境都有一个文化圈子，一个陌生人要想进入这个圈子就必须要和这个圈子里的人建立共同点。这个共同点源于共同的爱好和共同的利益，你可以试着找到他们的兴趣爱好，并投其所好。相信，这会是一条捷径。

小Q提问：当有人向我倾诉某人的恶劣行径时，我会跟着他一起讨厌此人，并且会在对方面前把情绪挂在脸上。但事后发现，我这是在主动树敌，这样会破坏我的朋友关系质量。我该怎么办呢？

作者回答：首先可以看出，你是一个非常有正义感的人。同时，你也是一个心直口快，将喜怒形于色的人。直率是你的优点，但在社交方面，这也可能会成为你的绊脚石。太过直率，不讲究说话的迂回艺术很容易让自己得罪人。给你的建议就是注重说话的方式和场合，尊重他人的隐私，控制好自己的情绪。也不要人云亦云，传播一些道听途说的话。

携程四人组的啮合和阿里巴巴式的融合

好团队，才有好环境；

好环境，才能培育出好苗子！

好的团队，造就好的激励环境

曾经有人问史玉柱：“决定创业是否成功的条件有哪几个？”

史玉柱回答：“三个。好的团队，加上好的产品，再加上好的策划。”好团队被史玉柱认为是创业的首要条件。

无独有偶，比尔·盖茨也说过这样一句话：“没有完美的个人，只有完美的团队。”

中国民营企业大约有250万家，有很多是合伙开办的。在这么多的创业团队中，有一支队伍特别引人注目，那就是“携程”。

在“携程”的创业团队里，四个创业伙伴全部是名牌大学硕士毕业（三个毕业于上海交大，一个毕业于美国耶鲁大学）。这个团队在创业时的启动资金仅仅是100万元，后来竟能“忽悠”来风投三次追加投资，总额高达1 300万美元。除此之外，这个团队7年内将2家公司做上市。这在很多人看来都是奇迹。

“携程”为什么能成功？季琦说：“因为我们四个人不同。”

一位“携程”的老员工曾告诉记者：梁建章是深挖坑的人，他管理细腻而又善于拥抱新事物，最后选择去美国读博士，理想是做个研究型企业家；沈南鹏熟悉投行业务，平日里也像一架高速运转的精密仪器，走到哪里，就把一阵强风带到哪里；范敏，勤勤恳恳，总能把自己一亩三分地的事情做好做实，是守业型的典范；而季琦，是个充满激情、胸怀坦荡的人，他重情义，但不会因为情义而优柔寡断。

1999年10月28日，公司网站名称由“游狐”改为“携程”，正式上线。给了“携程”第一笔风投的IDG章苏阳，后来解释那次“投人”眼光：“这四个人有点像一组啮合，各个齿轮之间咬得非常好。他们拥有的背景和素质，足够他们执掌将要操作的公司。”

有好朋友圈，才有好成果

中国有很多创业团队，但是，像“上海携程四人组”这样攻无不摧、战无不胜的铁骑劲旅却很少。

那么，怎样的团队才是能干大事的团队呢？英国团队专家贝尔宾博士的结论是：“团队的目标和成员的自我角色定位很重要。只有目标清晰了，定位准确了，团队冲突才能妥善处理，团队决策才能顺利执行。”

很多成功者，他们没有三头六臂，但是都有好人缘。当我们有了得心应手的朋友，无论我们的起点多低，我们都会如鱼得水，甚至鲤鱼跳龙门，步步高升。这正应了好莱坞的那一句名言：“成功不在于你知道什么或做什么，而在于你认识谁。”

我们经常会听到有人谈论自己的朋友如今混得有多么好，有的人出国了，有的人成了百万富翁。但是，他们自己还是处在社会的底层。与这些“朋友”失去了联系，甚至是望尘莫及。现在，请看看你周围的朋友，他们是不是都在陪着你吃喝玩乐，虚度光阴呢？事实上，这些朋友并不能为你提供赚钱的思路和解决问题的门路，也就无益于你的成功。

其实，要想找到高质量的朋友并不难，因为你所谈论的这些能人就是你拓展社交网络的最佳发展对象。心理学家发现，每个社会情境中都暗含着相应的行为模式，当人们处于这种行为模式当中时，就会受其影响，使自己的行为与环境更加贴合，这就是“气氛效应”。

正如中国台湾证券投资界的名人杨耀宇所说：“我现在取得这样的成绩并不奇怪，因为我的社交网络遍及各个领域，上千上万条数也数不清。很多时候，一通电话抵得上十几份研究报告。”这就是为什么，以前是一起工作的朋友，现在只能是我们口中的“朋友”。因为我们没能跟上这些人的脚步，错过了那些优质资源。

选择什么样的朋友圈，就有什么样的环境

“近朱者赤，近墨者黑。”当我们选择一个朋友圈的同时，也就相应地选择了这个社交群体的生活环境和这种生活环境下的行为模式。

阿里巴巴在美国成功上市，除了马云的财富激增外，据华商网报道还有近万人成为千万富翁。于是，外界开始纷纷议论，阿里巴巴的企业文化是什么样的呢？阿里人又是怎样工作的呢？才使他们创造出如此惊人的财富。

其实，在创办阿里巴巴之初，马云就在团队内倡导“快乐工作，快乐生活”的企业文化。在“快乐文化”的引导下，员工不会受到条

条框框的束缚，他们可以穿旱冰鞋上班，可以听着音乐工作，可以随时到总裁办公室……可以说是随心所欲，怎么轻松就怎么来。因为轻松的工作环境，更能让员工发挥自己的潜能，提高工作效率。马云的说法是："员工第一，客户第二。没有他们，就没有这个网站。也只有他们开心了，我们的客户才会开心。而客户们那些鼓励的言语，又会让他们像发疯一样去工作，这也使我们的网站不断地发展。"因此，马云在公司常常会带头搞活工作气氛，他鼓励员工发展兴趣爱好，由公司掏钱组织成立各种兴趣小组。在公司年会上，马云也会不遗余力地为员工表演，不止一次扮女装出演，甚至扮演过童话故事中的白雪公主，让员工在诧异之余，捧腹大笑。

这种独具一格的企业文化吸引了很多优秀人才，比如曾任阿里巴巴集团副总裁的卫哲，在他刚进公司的时候，就被这种快乐情绪所感染，他说："这恐怕是中国笑脸最多的一个公司，而且执行能力超强，但我不知道为什么！"再比如蔡崇信，他有着名校毕业、在跨国公司担任重要职位的背景，却甘心在阿里巴巴还是小公司的时候加入其中。一方面是被马云的人格魅力所折服；另一方面也是被阿里巴巴快乐的文化所吸引。

马云将乐观的人生信条带入工作，在阿里巴巴推广快乐文化，将这份快乐传达给员工，激发他们工作的热情。

事实上，我们的认知和行动会受到周围的气氛和环境的影响。当我们长时间生活在一个环境中，就会习惯这个社交环境下的文化氛围，从而改变自己。

解疑答惑

小Q提问：我在一家单位工作，福利待遇特别好。但是在单位里大家整天闲着聊天。我想有大的作为，但是又舍不得这份工作，我该怎么办?

作者回答：你自己已经意识到，你周围的人都处于一个十分闲散的工作状态。在这样一个自由散漫的社交群体里，你想大有作为是很难的。在此给你两条建议：一是改变现状，带领周围的人进入积极的工作状态；二是放弃现有的优厚待遇，找一个有竞争力的社交群体。

小Q提问：我新加入了一个轮滑俱乐部，但是，部长要求大家统一服装。我觉得无所谓就没统一，结果，他们要开除我，我该怎么办?

作者回答：你之所以加入这个俱乐部是因为想和与你有着共同爱好的人一起玩轮滑。你可以提出不同的意见，但是，如果你想融入轮滑俱乐部这个社交群体就要遵守这里的规则。统一服装也是有道理的，这可以让整体看起来更加团结，提高队员的团体意识，等等。因此，如果你真想加入轮滑俱乐部，那就没有必要为统一服装这样的问题纠结了。

孙正义和马云，到底谁成就了谁

我不怕一只绵羊领导的一群狮子，

我害怕的是一头狮子领导的一群绵羊！

掌舵者，是朋友圈里最重要的资源

1999年10月的一天，马云被安排与雅虎最大的股东、被称为“网络风向标”的软银老总孙正义见面。

当时，马云经营的阿里巴巴还算不错，他选择投资人也很慎重，已经拒绝了38家风险投资商的资金。

当时，孙正义对马云说的第一句话是：“说说你的阿里巴巴吧！”马云开始讲解他的方案，还不到6分钟，孙正义就从办公室那一头走过来说：“我决定投资你的公司，你要多少钱？”他们对视了一小会儿，不约而同地呵呵笑了起来，四只手也紧紧地握在了一起。

后来，马云在自己的博客里写道：“我见过聪明的人物有很多，孙正义却是其中最特别的。他神色木讷，说很古怪的英语，但是几乎没有一句多余的话，像金庸笔下的乔峰，有点大智若愚。我们都在这6分钟内，明白了对方是什么样的人——迅速决断、想做大事、说到做到。”

后来马云才知道，软银每年接受700家公司的投资申请，但只对其中70家公司投资，而孙正义只对其中一家亲自谈判，只对他在这么短的时间内做出了投资决定。

孙正义对马云说："保持你独特的领导气质，这是我为你投资的最重要的原因。"

马云回想当年孙正义注资雅虎一亿美元的时候，雅虎只有15个人，十分弱小，大概他也是看出了杨致远的某些潜力。马云说："我对自己的能力极为自负，可是那次，孙正义给我上了一课，至今我都在研究，他锐利的投资眼光，是否来自神灵的赋予。"

孙正义投资阿里巴巴至今，一直十分信任马云，几乎从没有干预过企业的相关事务。他的理念和马云的理念是一样的，就是要赢在未来，对阿里巴巴做长期的战略考虑。马云在一篇博文里写道："我常在电话中和他开玩笑，阿里巴巴如果缺钱，我第一个电话肯定打给你。他说，你当然应该打给我啊。没想到这样的玩笑却在现实中得到了解释。在我收购雅虎中国的过程中，他主动让出了3.5亿美元的股份。"

在产业最低谷的时候仍然坚定不移坚持理想的人不多，孙正义就是这样一个全世界都难得一见的大智慧的领导者。

模仿成功者，是成功的第一步

可以说马云很幸运，能遇到孙正义这样的朋友兼领导者，这是马云人生和事业上的一个大转折。孙正义是马云的伯乐，更是一位明智的引导者。

人都会受周围环境的影响，尤其是在自己无法把握的事情上，很容易就会跟从周围人的做法。如果你能够借助这一心理特点，成功地跻身于众多卓越人士的周围，那么你就会慢慢地被影响，从而也会快速地提升你的个人能力，进而变得更加优秀，这就是心理学上的"共生效应”。

想和成功者一样成功，最简单的做法就是模仿。速达信息公司的建立就最有说服力。

主持人：你是否一开始就设计好了要“克隆”别人的成功？

岑安滨：我们从1998年年底正式“唱这台戏”。在此之前，1996年我们成立了速达信息公司，现在已经不存在了。当时我们做了一个比较失败的项目，即在internet上面做了一个翻译引擎。之后我们在IDG的帮助之下重新思过，思考到底应该做什么样的产品。这时我们发现了QuickBooks是个很有魅力的产品，然后就照搬过来。

主持人：你的意思是，美国直觉公司及其产品QuickBooks在全球获得成功，而你完全“克隆”美国直觉，因此速达也能成功，是这个逻辑吗？

岑安滨：没错，这不光是我们自己说的，Intel和IDG等有名的风险投资公司也都是这么认为的，否则他们不会给我们大笔的投资。我们从一开始就照抄QuickBooks品牌的全部，包括经营、管理、技术、产品等各方面。我们现在和它的合作就不光局限在品牌上了，事实上，我们就是想把QuickBooks的本质、精髓——能够赢得全世界市场的精髓，在中国市场上再次创造一回。我们被“选秀”，是因为我们对成功的精髓领悟最深。

模仿，是所有人与生俱来的能力，也是人从外界获得学问的最基础的方法。婴儿从学习讲话起就已经开始模仿外部世界了。所以，我们除了要选对领导者，还有最重要的一点就是模仿成功的领导者。

说起中国足球，大家都是一个劲儿地挤对。当然，那班“国足”也有被挤对和调侃的“资本”，谁叫他们脚法那么臭呢。可就在这样的环境下，当初被人称作“飞机邵”的国足前锋邵林却获得了众人的赞扬——邵林长球了。为什么邵林的跑位、配合意识以及射术不像大多数“国足”那样一直保持在“正常水平”呢？原来，邵林跟了里皮，并且在广州恒大足球队中，与他一起配合的都是世界准一流的球星。在长期的影响下，邵林终于长球了。可见，选择一个明智的领导者和一个积极向上的社交群体是多么重要。

做一个明智的追随者

有一个上班族，他每天的事情就是上班、干活挣钱、养家糊口。他认为，自己埋头拉车就好了，抬头看路，是头儿的事，与自己无关。这种人是盲目追随者的典型。

盲目追随的现象有很多：企业的领导者德高望重，决策果断，因此就会有大批的跟随者，并且坚定不移地相信他们的领导是明智的。正所谓，领导的话就是真理。员工理解的执行，不理解的照样执行，还认为是自己没有领会领导的意思。

作为一个明智的追随者，首先就是要选对领导人。所谓“士为知己者死”，当我们遇到一个让自己心服口服的领导者，并在这个领导者身上发现他所具有的智慧和前途之后，就应该坚定不移地加以追随。

股神巴菲特的成功，除了他本身具有投资天分之外，还有一个重要的原因就是他很早结识了在投资方面对自己有突出帮助的人。巴菲特最早在宾夕法尼亚大学攻读财务和商业管理专业，在得知两位著名的证券分析师——本杰明·格雷厄姆和戴维·多德任教于哥伦比亚商学院之后，他辗转来到该学院，并成为他们的得意门生。大学毕业后为了继续跟随格雷厄姆学习投资，巴菲特甚至愿意不拿报酬，直到将老师的投资精髓学到手，他才出道开办自己的公司。

那些迷信书本的理论、崇拜企业名人、认为效仿成功的名人是自己职场取得成功的关键性的人，无疑没有领会什么是明智的追随者。他们认为，书本的理论是前人经验的总结，是“圣经”，言必讲德鲁克，行必学GE。但是，他们并没有从中国的国情出发，远离了自己这个年代和企业的实际，到头来，只能是为自己建造一个“空中楼阁”。

解疑答惑

小Q提问：我现在在一家销售型国企工作，销售部总监雷厉风行，经常拉到大笔的订单，我一直按他的方法改进，但业绩还是很一般，真不知道这是为什么？

作者回答：你们总监能取得很好的销售业绩，一方面是因为销售技巧；另一方面就是他本身积累的人脉资源要比你多。你要向他学习的不仅仅是他的做事风格、说话方式，还有其他方面的经验。他或许可以作为你的榜样，但是，最重要的还是你自身的独立思考。他人成功的路子不一定适合你，你应努力分析他成功的真正原因，而不是刻意模仿。

小Q提问：我和同事好不容易拉到一笔订单，但是领导小心谨慎，致使公司错失发展的良机。很多同事对领导都很失望，都辞职了，我该怎么办？

作者回答：找到对的领导者，也就是找到适合自己发展的社交群体。在这个社交关系中，最重要的是去进一步结交社会地位高的人。界定社会地位高低的标准主要有三个：经济实力强、行政能力强和专业声望高。但是，最好的不一定适合你，最适合你的才是最好的。所以说，最重要的就是根据自身的实际情况，找到最适合自己的领导者。

为扎克伯格和雷军指路的人

共同的事业，

可以使人们产生忍受一切的力量。

“马屿三兄弟”抱团闯天下

俗话说，打虎亲兄弟，上阵父子兵。在“温商”中，自力更生、抱团创业的现象十分普遍。抱团作战、抱团取暖、抱团生活，“温商”的自主精神或许正是他们足迹遍及世界各个角落又屡获成功的重要原因。

眼镜巨头叶定坎、通信霸主陈成宽和被服大王林良快，三人同年出生，都来自瑞安马屿，又是中学同学，太多的相同之处，让大家笑称他们为“马屿三兄弟”。

经过多年打拼，“马屿三兄弟”个个事业有成，成为所在行业的“领头羊”，并成功走向重庆的政治舞台。同时，他们凭借温州商人的力量，影响着重庆的商业气候。

这“三兄弟”每周聚会好几次，商谈商会的工作，交流企业的信息，碰撞不同的观点。在重庆创业的过程，正是他们互相影响、互相提高的过程。浙商有一个非常大的优点就是团结，尤其是温州人。这“三兄弟”在重庆成功的原因也在于此。他们之间资金的拆借是常有的事。陈成宽说，只要手头上能拿得出的钱都可以拆借。现在，他们更多用到的一个词语是“融资”，通过他们“三兄弟”的努力，吸引更多的资金做大事业。

2002年，在他们的创业生涯中发生了一件大事：进入重庆参政议政社交群体。“马屿三兄弟”在渝的浙商领军位置，奠定了他们在重庆商界的代言人地位。如今在重庆的温州人大约有10万人，他们广泛涉足IT、房地产、汽车摩托车配件、五金电子、通信器材、服装皮革等产业，成为推动重庆经济的生力军。在重庆最著名的商业中心，到处可见“温州”的影子。

据了解，在重庆解放碑、三峡广场、观音桥步行街以及朝天门、石桥铺、西部鞋都等各大市场里，外来经营户有80%都来自浙江，其中又以温州商人为主。现在温州人在重庆的企业年产值达300亿元，创造利税近40亿元，直接或间接为当地解决就业岗位近50万个。

凝聚力，源于共同的目的

我们都知道，“利”字当头是商场上的第一原则。很多时候，一个团体之所以形成就是因为有共同的利益。同样的，一个社交群体的凝聚力，就源于共同的目标和共同的利益。“马屿三兄弟”正是因为有着共同的利益并形成一个团结的社交群体，互相扶持，才有了后来的辉煌。一个社交群体的凝聚力，往往源于共同的命运。

在互联网迅猛发展的社交关系中，更是如此。

2009年年初Facebook还在烧钱的时候，由于受金融危机的影响，原计划要参与融资的机构中只有两家留了下来，而且出价平平。这时候，一个叫尤里·米尔纳的俄罗斯人来到硅谷与扎克伯格谈了对社交网络的看法。米尔纳与扎克伯格谈判的筹码一是钱多，二是“懂你”。要知道，硅谷创业者拿了俄罗斯人的钱，这在当时并不是一件荣耀的事情。据说，米尔纳打电话给Facebook负责融资的Gideon Yu，挂完电话后便奔赴机场，第二天就在Palo Alto的星巴克里与他见了面。米尔纳在交流中体现出了对社交网络的深刻洞见，而且他的观点与扎克伯格非常接近。于是当天Gideon Yu就安排他与扎克伯格见了面。四个月后，他们完成了交易，他管理的DST基金投资2亿美元换取Facebook 1.96%的股份，把后者的身价推到了100亿美元，是Facebook在几个月前上一轮融资身价的2.5倍。

DST在互联网投资界因为Facebook一案一战成名。接下来的5年里，在公开信息中可以查到它投资的非俄语国家创业公司有32家，其中7家IPO，包括2个千亿美元级的公司Facebook和阿里巴巴。这一战绩，奠定了DST在全球VC圈中的江湖地位。

扎克伯格和Facebook对中国异乎寻常地热情是最近两三年的事情，他和自己的华裔妻子已经一起走过了近12年。这背后也站着米尔纳，甚至在他牵线之下，小札还和雷军谈到了投资小米的事情。

米尔纳与雷军初次相遇应该是一拍即合的，因为两个人太像了。做企业的时候既创过业也守过业，做投资人的时候既做天使又管理基金。

雷军在刚开始创业的时候，自己的目标是做一家身价百亿美元的公司。米尔纳指出雷军对于小米的这个定位是错误的，他相信小米应该是一家市值1 000亿美元的公司。米尔纳的自信来自他的资源和人脉，在DST的投资组合里互相牵线，就足以发生惊人的化学反应。

过去几年中，小米一直在高速增长，市场对它最大的担心，就是如何延续这样的增长。2014年12月，《福布斯》采访雷军的时候，他告诉记者，为了保持高增速，小米要做的第一件事就是国际化。这期间小米尝试过对新加坡等市场的开拓，可是市场都太小。最终雷军选择死磕印度市场。而故事的真实版本，是米尔纳首先把手指向了印度。

小米要在印度复制它的互联网手机模式，最大的难题就是电商和物流。DST在印度投资的电商Flipkart帮它解决了这一问题。小米的销售靠互联网上的口碑，可是要去印度从零开始建站推广可不容易。DST就帮他嫁接了Facebook和Twitter的资源。

当投资人和创业者被共同的事业绑在一起的时候，这样的纽带也就紧密地维系着大家的同盟关系，进而做到互通有无，凝聚力也就源于此，从而确保了每个人的利益都能最大化。

提升朋友圈的实力，就是提高凝聚力

有人问李嘉诚："在21世纪的企业经营中，什么东西最具有竞争力？"

"凝聚力！"李嘉诚毫不犹豫地说。

这个时代是实现个人价值和团队效绩双赢的时代，凝聚力才是这个时代最具竞争力的东西。朋友圈的凝聚力是指，能够使成员继续留在群体中的力量，它体现了社交群的整体性特点，是由成员间的信任和约定程度所决定的。

提升整体凝聚力，最基本的是建立共同的利益。但是，光靠共同利益是远远不够的。朋友圈里的规范和制度也至关重要。犹太人建立以色列，除了有共同的命运之外，还在于他们有共同的信仰。这种共同的信仰就是他们的制度规范。

在一些秩序良好的组织中经常出现这样的情况：在同级别的工作小组中，有几个成员能力出众，工作业绩总是比别人高出很多。看来，提升朋友圈的整体实力并不困难，只要有几个优秀的人起个带头作用就行。

但是，在群体作业的体制中，在统一标准的指导下，不一定会有强大的凝聚力。在一个强调群体作业的群体中，普遍是以最低的个人产出作为业绩的合格标准，这样就会出现下面这种情况。

出色的员工会思考：如果超出一倍和超出一半的评价效果差不多，一样能够证明自己的业绩在群体水平之上，那么，我为什么还要那么努力地工作呢？于是，这个出色的员工就不会太过努力工作，从而降低生产量。

这就是在做向下的比较。消极比较会削弱人们的进取心，而群体成员的不尽力则使群体无法达到实际应有的业绩。人们一起做事的时候，责任会分散，分到每个人身上的责任就会减少。这在心理学上叫作“群体懈怠”。这也是经营一个朋友圈需要极力避免的心理缺陷。

解疑答惑

小Q提问：我和几个哥们因为都喜欢跳舞组了一个舞团，但现实很残酷，由于出场费低，很多人想解散舞团。我不想看着这个舞团解体，该怎么说服大家呢?

作者回答：在现实生活中，一个舞团要想发展下去确实非常艰难。这种现象在舞蹈界十分常见，其背后也有深刻的心理学根源。你们是因为共同的爱好才走到一起，现实却让你们面临着压力。你们这个朋友圈的凝聚力在于共同的爱好，所以你可以通过对梦想的描述和坚持，说服你的队友坚持下去。

小Q提问：我刚升为店长，对新店的员工不是很了解，员工的工作积极性也不是很高，我该怎么提高员工的凝聚力呢?

作者回答：你作为一个新领导，要想打造有凝聚力、有战斗力的高效团队，首先要有能者上庸者下、公开、公平的用人机制。其次就是要统一思想和目标，制定标准化作业手册，进行绩效管理和控制。最后就是不断地培训，深入与强化团队思想和理念，并进行有效的考核。

哈维·麦凯何以成就全美著名的信封公司

假如你的朋友很多，

那么，告诉自己：

我最需要的是志同道合者！

巧用朋友的中介作用

社交网络的扩大需要将现有的资源进行深度开发。凭借这种方法取得巨大成功的人不在少数，享誉美国的寿险推销大师甘道夫就是其中之一。

在甘道夫年轻的时候，他开始从事保险行业。曾经很长一段时间，他的事业不得意。那么，他是如何成为全球第一位销售额超过10亿美金的保险推销员呢？

一个偶然的机会，他去拜访当地一位很有名气的书商，面对书商获得的众多徽章及奖杯，甘道夫向他请教成功的秘诀：“这些徽章和奖杯是如何获得的？”

“我曾经获得‘美国最佳书商’称号。”

“您是如何成为第一名的？”

“因为我知道神奇的格言！”

“什么神奇的格言？”

“我会向客户说‘我需要你的帮助’。当你诚心诚意地向别人求助时，没有人会说‘不’。”

“你要求什么帮助？”

“我请他给我三个朋友的名字。”

1976年，甘道夫的销售额高达10亿美元，成为百万圆桌会议的会员，甘道夫一人的年销售额大大超过了绝大多数保险公司的年销售额。

甘道夫正是按照书商教给他的经验，不断地复制“3”的倍数，数年之后，他的客户也像滚雪球一样越滚越多。通过真诚的交往和不懈的努力，他终于成为美国历史上第一位年销售超过10亿美元的寿险销售大师。

结交朋友也要巧妙布局

想结交志同道合的朋友，我们首先要主动。多参加公司和社会上的各种活动是非常重要的。很多社交场合的氛围十分轻松，也是结交朋友的最佳机会。那么，世界一流社交关系专家哈维·麦凯是如何利用社交关系推销自己，找到一份好工作的呢？

哈维·麦凯从大学毕业那天起就开始找工作。当时的大学毕业生很少，他自以为可以找到最好的工作，结果却徒劳无功。好在他的父亲是位记者，认识一些政商两届的重要人物，其中有一位叫艾尔斯·沃德。艾尔斯·沃德是布朗比格罗公司的董事长，他的公司是全世界最大的月历卡片制造公司。四年前，沃德因税务问题而服刑。哈维·麦凯的父亲觉得沃德的逃税案有些失实，于是赴监采访沃德，写了一些公正的报道。沃德非常喜欢那些文章，他几乎落泪。

出狱后，他问哈维的父亲是否有儿子。

“有一个在上大学。”

“何时毕业？”

“正好需要一份工作的时候。他刚毕业。”

“噢，那正好，如果他愿意，叫他来找我。”

后来，在街上闲晃了一个月的哈维·麦凯，站在铺着地毯、装饰得很讲究的办公室内，不但顷刻间有了一份工作，而且是到“金矿”工作。

那不仅是一份工作，更是一份事业。哈维·麦凯在品园信封公司工作的过程中，熟悉了经营信封业的流程，懂得了操作模式，学会了推销的技巧，积累了大量的人脉资源。42年后，哈维·麦凯还在这一行继续寻找那个捉摸不透的“金矿”，并且成为全美著名的信封公司——麦凯信封公司的老板。

想成为一名成功的人士，就要学会抓住一切机会去培育人脉资源与关系。或许有人会问，到底谁是自己的人脉金矿呢？其实，只要你处处留心，就会发现，人人都可以成为你的人脉金矿。正如一开始所说的，你和陌生人之间只隔了6个人。

不停地结识成功者

张德培是著名的华人网球明星，他年轻时和桑普拉斯、阿加西等人都跟随同一个网球教练尼克。尼克还带出了威廉姆斯姐妹和库尔尼科娃等世界知名球星。张德培依靠他顽强的意志和拼搏的精神，打败了他的几位师兄而获得世界网球青年冠军。但之后，桑普拉斯和阿加西都先后多次获得世界网球排名第一的好成绩，可张德培最高的排名仅仅是世界第二。

最具潜力的张德培为什么没能继续保持自己的优势反而被比自己弱的人超越了呢？我们翻阅了桑普拉斯和阿加西的资料后发现，桑普拉斯后来请了世界最著名的发球教练，因此，他在后期的比赛中靠发球获得的得分是最高的。与此相反，张德培请的教练是谁呢？居然是自己那没有职业网球经验的哥哥和父亲。

经常与强于自己的人交往，自己的水平也会得到提升，可以少走很多的弯路。我们来试想一下，一个经常与比自己成功的人打交道的人，和一个生活在普通人中间的人，他们的命运会有怎样的不同呢？毫无疑问，你心中已经有了答案。

解疑答惑

小Q提问：我长得不好看，总是不受重视，也不太擅长说话。我想让自己说话变得有分量但又不失随和，希望大家帮助我。

作者回答：在交际的过程中，人的外貌确实是十分重要的。但是，这并不是你人缘不好、不受重视的根本原因。想让自己说话变得有分量，首先要获得他人的尊重，获得别人尊重的前提就是待人真诚。其次，掌握一些必要的社交礼仪会让你更有人缘。最后，就是多和人沟通，广泛交友，多听取他人的意见。

小Q提问：我怎么才能结识成功人士，怎么与他们交往、向他们学习？我是一个渴望成功的人，我不懒惰。

作者回答：做别人不敢做的事，多动脑，会利用身边的资源。你可以多去打工，总会有机会碰见一些成功人士的，当然要去一些知名的公司，就算只是干最基层的活也可以，这样机会会比较多。同时，把公司的员工当作自己的老师，虚心地向他们请教。

一位女华人就这样成了美国大学的校长

融入这个朋友圈，

才能享受它带给你的好处！

想掌控朋友圈，就要先融入朋友圈

华人依靠自己的努力在美国取得非凡成功的案例不是没有，但是要做到这一点，要么是他的能力异常出众，要么是他能嗅出机遇、走出一条非常与众不同的路。如果亚裔能与白人上下级打成一片，再加上良好的业务水平，还是能成功冲破“玻璃屋顶”的。

2005年8月，中国台湾的唐钊女士受聘成为米拉玛学院（位于加州圣地亚哥）校长，成为该校建校30多年来的第一位华人女校长，也是整个加州两位亚裔女性社区大学校长之一。唐钊的成功引发华人世界不小的震动，她的成功经验也值得后来人借鉴。

唐钊本科阶段及之前的教育均是在中国台湾完成的，她从小接受中国传统教育，熟读“四书”“五经”等，尤其喜欢《论语》。初到美国时，她人生地不熟，很多课都听不懂，精神压力很大。为了克服语言、文化上的障碍，她付出了比常人多几倍的努力，先后取得硕士和行政管理博士学位，并迅速融入了当地人的社交网络。这种勤奋努力令她一开始的事业就发展得很好，博士刚毕业的时候还是所社区大学的学生咨询员，仅仅用了10年的时间就成为沙伽缅度私立大学的副校长。

后来唐钊有机会担任沙伽缅度私立大学的代理校长，就在这时，她碰到了自己的“玻璃屋顶”。唐钊任代理校长期间工作非常出色，有资深教师向总校长提出让她担任校长，但总校长一直没下聘书，反而继续让她担任代理校长。幸好唐钊在工作期间积累了广泛的人脉，了解到她的困境后，加州另外两所社区大学——米拉玛学院与梅萨学院迅速给她发出了校长职务聘书。

唐钊后来在接受采访时，曾明确表示“玻璃屋顶”确有其事，混迹于当地的社交网络里，华人要各方面发展才有机会。唐钊的勤奋是许多亚裔所共有的，但她融入当地的社交网络的程度之深可能是绝大多数亚裔都要努力学习的。她在沙伽缅度私立大学遭遇升职瓶颈时，曾经有许多白人同事站出来为她鸣不平、为她推荐新工作，她的人际关系网中的相当一部分都是白人。圣地亚哥社区大学的首席校董卡若评价她说：“她是个乐观又充满活力的人，能与师生和睦相处，真正关心学生。”

先和他们成为自己人

唐钊的成功，最关键的一步就是融入当地的社交网络。这是她处在那样的环境中不得不面对的问题。想在一个朋友圈里成为领导者，就必须先融入这个朋友圈。

1860年，林肯和道格拉斯竞逐总统的位置。道格拉斯是个大富翁，他为了宣传演讲还租了一辆豪华的列车，并得意地说：“林肯就是一个乡巴佬，我要让他闻闻贵族的气味。”

面对如此的境况，林肯没有一点胆怯，他乘着朋友为他准备的马车，沿街发表竞选演说。他说：“曾经有人问过我有多少财产，我现在可以告诉他，我很穷，但我有一个妻子和三个孩子，他们就是无价之宝。我还有一间办公室，里面有一张办公桌和三把椅子，还有一个大书架，架上有值得每个人都应该读的书。我确实什么都没有，而我唯一可依靠的就是你们。”

林肯在竞选中获得成功并非偶然。他的秘诀就在于他和国民站在同一个利益角度，并获得了成员的普遍认可。事实上，只有被成员接受的人才能成为真正的领袖，并且获得真正意义上的权力和地位。正如林肯自己所说：“人生最美好的东西，就是他同别人的友谊。”获得别人的认可，才能进一步成为“自己人”。成为自己人，才能享受朋友圈里的权力。

这恰恰与心理学上的“自己人效应”相吻合。成为自己人不仅仅会拉近彼此间的距离，还会提升信任度，降低对方的心理防御，进而获得他人的认同。因为，领导者的权力是群体共同赋予的，所以，一个人想在朋友圈中获得权力，不能让自己高高在上、表现得很强势，而是要树立一个让他人信得过的自己人形象。不然，别人怎么会轻易把权力交到你的手上呢？

相处之道很重要

共同的利益和目的就像是一块磁石，会不自觉地将周围有共同性质的人聚集起来，形成一个社交群。但是，进入了这个朋友圈，并不代表你就融入了这个社交群。进入这个朋友圈只是你建立自己的人际关系的第一步，除此之外，还有很重要的一点，就是曾任美国总统的西奥多·罗斯福说的一句话："成功的第一要素，是懂得如何与他人完美相处。"

事实也的确如此。在美国，曾有人向2 000多位雇主做过这样一个问卷调查："请查阅贵公司最近解雇的三名员工的资料，然后回答解雇的理由是什么。"

结果，无论什么地区、什么行业的雇主，2/3的人的答复都是："他们是因为不会与别人相处而被解雇的。"

可见，我们被拒绝的最主要原因往往不是我们工作能力不强，而是不擅长和他人友好相处造成的。所以，打造个人的社交关系网络首先需要学会与他人友好相处。

解疑答惑

小Q提问：公司新来的一个同事，总是在上班时间打电话，说话也很刻薄，经常影响到我工作。但是，周围的人都没说什么，难道我就只能这么默默地忍下去吗?

作者回答：你的情况是我们在办公室里经常遇到的。在一个公共办公环境里，你的新同事的做法是非常不可取的，他破坏了整个社交群的和谐和秩序。既然你的工作受到了影响，就不妨友好地提示一下他，毕竟，每一个社交群都是靠大家来维护的。

小Q提问：我很久没见的同学刚请我吃了顿饭，就找我办事，目的性也太强了吧，可是我又想维护我们之间的和睦关系，我到底要不要帮他?

作者回答：这要看是什么事情。虽然这让你心里很难接受，但是只要不违背原则，能帮就帮吧。虽然你们是老同学，但是许久未见，你们之间的联系已经很少了。由此可见，他并不是你朋友圈中的重要角色。但是，为了长久之计你还是要尽量帮助你的老同学，这也是在为自己储备人脉资源。与人打交道是一门大学问，你的社交网络需要不断扩大，同时也需要经营。

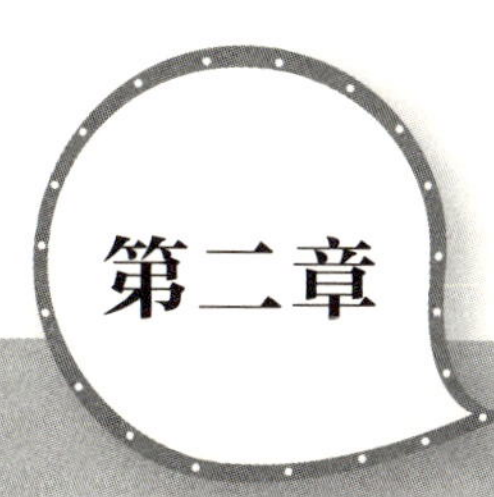

第二章

找对的人做对的事

古人云，居必择乡，游必就士。无论任何人，唯有远邪近正，择邻而居，择善而从，在良好的环境中与对的人做正确的事儿，才能借势立德，成就伟业。

你的朋友圈里都在晒什么

在微信朋友圈里，

一些人有意无意地晒着自己与名人的合影。

找个名人做靠山

爱尔兰人艾布杜本不是一个长袖善舞的商人，原先他是个只图温饱的临时工。可是，当他走遍世界上的92个国家之后，这一切都发生了改变。

如今，艾布杜拥有银行存款四百多万美元，住的是俨然皇宫般的豪华洋楼，出门则以名贵的宝马轿车代步。这位生活奢侈、出手阔绰的大亨，他的财富并不是靠经商得来的，而是靠几本签名簿，摇身一变而成大财主的。

其实，让艾布杜致富的法宝，说来简单而有趣。他在签名簿里贴有许多世界名人的照片，再模仿名人的亲笔签字，签写在照片底下。艾布杜便带着这几本签名簿浪迹寰宇，登门造访工商巨子和很多富翁。

“我是因仰慕您，千里迢迢从爱尔兰来拜访您的，请您贴一张玉照在这本‘世界名人录’上，再请您签上大名，我们会加上简介。等它出版后，我会立即寄赠一册……”

被他拜访的富豪，看到其他的照片和签名都很吃惊。因为，这些照片上的人都是当代世界名人。这些富豪顿时都对艾布杜刮目相看。与此同时，多数人也都心甘情愿地签下大名，并提供照片。

这些人有的是钱，又喜欢摆阔，一想到能跟世界名人排名在一起，便感到无限风光。这样一来，他们就会毫不吝惜地付给艾布杜一笔为数可观的钱。

每本签名簿的出版成本不过是一两美元，而商人所给的报酬，却往往超过千元。艾布杜花了整整6年的时间，旅行了92个国家，给他提供照片与签名的共有2万多人，给他酬劳最多的有2万美元，最少的也有50美元，总计收入大约为500万美元。

名人的影响力

艾布杜的成功正是因为他懂得并运用了“狐假虎威”法。“狐假虎威”法的最关键之处，就是找到可以作为“老虎”的法宝带在身边，为己所用，为我们提升身份和价值。事实上，艾布杜这种模仿世界名人的签字，只是蒙混有钱人的手段。此种致富的花招，虽然有些不太光明正大，但是，他只需在刚开始的时候如此，环游数国以后，他就有了可观的资料。他的创意与做法正是运用了心理学上的“名人效应”。

现在很多精明的人际关系专家和营销好手都知道，要想发展自己的事业，就要巧借名人的影响力。在美国的金融中心华尔街，就有一位商学院的实习生做过这样一件事情。

这位实习生利用人们对石油大王洛克菲勒的仰慕敬畏心理，略施小技，便使自己在市场上站稳了脚跟，且在短期内发了一笔财。他开业伊始，便在室内的墙面中央挂起一幅洛克菲勒的画像。尽管他从未见过这位石油大王，但人们却由此联想到他与洛克菲勒关系非同一般，甚至有人将他视为经济界消息灵通人士，主动与之交往并给他慷慨的帮助。

这位青年学生巧妙地利用人们的心理，赢得了不少商界大亨的支持与捧场，让自己的人际关系库在短时间内迅速充实膨胀，生意越做越火。

将“老虎”的威风为己所用

很多时候，一个朋友圈的影响力往往是由这个社交群体里的名人决定的。就像每日的新闻头条，我们大多数人都会主动去关注名人事件。很多公司也都会找明星作为自己品牌的代言人，并且出价不菲。

中国台湾的“今日新闻”曾有过这样一篇报道：林志玲的海报一贴，预售屋销售业绩马上直线攀升，这让许多建筑商都把林志玲视为刺激买气的最佳灵药。据悉，过去曾代言“V1”小套房、文山区“极美山庄”、板桥“家麒文化”的林志玲，代言价码一路从150万元飙涨至800万元。

这背后就是商家利用人们对名人的关注度，来提高自己品牌的知名度。由此可见，名人的影响力之大。

虽然名人的影响力很大，但是，最关键的还是如何将这“老虎”的威风为己所用。下面这家珠宝店能起死回生，就是巧妙利用了“老虎”的威风。

伦敦的一家珠宝店曾一度门可罗雀。为了摆脱这种困厄的局面，珠宝店的老板千方百计物色了一位酷似戴安娜王妃的女士。这位酷似王妃的女士要做的就是在某日某时着盛装前往珠宝店购物。同时，老板又邀请来一批新闻记者，为避讳违法侵权之嫌，老板将其炮制的“王妃戴安娜前往某店选购珠宝”的特别新闻摄制成哑剧在电视台播放。这一看似荒谬而无聊的举措，居然使珠宝店的生意起死回生了。

这位珠宝店的老板就是巧借名人的影响力，使自己珠宝店的生意起死回生。就像一个人佯装和一些重要人物有很要好的私人关系或生意上的来往，应该马上就会让不太熟悉你的人对你平生仰慕、信任和推崇之情。这也是“老虎”的真正威力之所在。

解疑答惑

小Q提问：我在工作中经常找头儿交流，可能是我表现得太热情了，就有人在背后说我巴结领导，我该怎么办？

作者回答：首先，你要保证做好自己的本职工作，并在工作范围内主动跟领导交流。这是十分必要的，不仅能提高工作效率，对你自己也会有很大的帮助。其次，和一个比自己优秀的人交朋友是提高自己能力的捷径，如果你和你的上级谈得来，私下成为好朋友也无不可。但还是要注意分清公事与私事。

小Q提问：我的闺蜜是谢霆锋的“铁粉”，她收集了他所有的专辑，还不惜重金去看他的演唱会，搞得自己入不敷出，甚至到处借钱。我该怎么劝她呢？

作者回答：有自己的偶像并不是坏事，追星也无可厚非。但是，因为追星把自己搞得入不敷出，就不应该了。其实名人的成功之路是非常坎坷的，你可以引导她以偶像的优点为导向，而不要盲目追星。

互助互补，才是最佳合伙人

世界上没有最好的，

只有最适合的！

合伙，先要找对合伙人

丹尼是一位刚刚涉足影坛的青年演员，他英俊潇洒，天赋和演技集于一身，并且已经在荧幕上崭露头角。可是，丹尼目前面临的最大问题就是他迫切需要一个公关公司来为他做宣传。即在各类报纸上刊登他的照片和关于他的专访文章，以提高他的知名度。

但事实上，丹尼很难找到这样一家公司，最好的方法是先建立这样一家公司。但这样还是有问题，因为丹尼并没有足够的资金作为投入。

一次偶然的机会，他在聚会上认识了碧昂。碧昂曾就职于美国最大的一家公关公司，不仅有多年的行业经验，而且有着很好的人际关系网。就在几个月前，碧昂开办了一家属于自己的公关公司，并把目光投向了有利可图的公共娱乐领域。但是，到目前为止，那些相对比较出名的演员和歌手都觉得她的庙太小，不愿意跟她合作。所以，她现在的公司还是在靠一些小买卖和零售商店维持着。

丹尼与她一拍即合，不久就签约成了碧昂公司的艺人。而碧昂则为丹尼提供出席活动所需要的经费。他们的合作可谓天衣无缝。

丹尼在时下最热播的电视剧中频繁出现，没过多久，一些很有影响力的报纸和杂志就将目光盯在了丹尼身上。同时，碧昂的公司也声名鹊起。一些有名望的人甚至主动找到她，希望她能提供社交娱乐服务，并愿意支付高昂的报酬。

无力支撑，不如放弃

想促成最佳的合作，就要先找对合作人。丹尼和碧昂的这种合作就是如此。然而，他们能够合作是有前提的，这个前提就是他们有彼此最需要的东西。虽说机遇可遇不可求，但是并非不可把握。当你找到一个合适的朋友圈，也就能找到助你前行的人。而那个人往往源于你的社交关系网络。

很多人以为，只要自己认识了最有影响力的人物，自己的前途就会一片光明。可事实上，最权威的也不一定都是合适的。对于你而言，最权威的也不一定适合你，最有力量的，你也不一定能够承受得起。我们经常遇到这样的例子。

李明奉老板之命去谈一笔一亿元的订单，但李明所在的公司规模很小，最多只能拿下一百万元的订单。这笔订单对于这样的小公司来说确实是一个绝佳的机会，老板千叮咛万嘱咐，这笔订单务必要拿到手。

想必读者看到这里就已经知道了结果，还可能会认为这位老板不自量力。这种例子很常见，就算这对于小企业而言，不失为一次锻炼，但即使李明拿下订单，以公司现在的规模和水平也无力承担。

我们无法相信一只蚂蚁能够吞掉一头大象。这项任务看起来比登天还要难，更何况真正去实施了。只有与现状最匹配的机遇才是真正好的机遇，也只有合适的社交群体才是最好的朋友圈。

能力互补，才是最佳交往之道

我们经常在互联网上看到这样的活动征集：曲别针换别墅、物物交换、技能交换，等等。这些活动背后，就是各有所长并且各取所需。有很多网友打出这样的宣传语“本人特长太极，想学舞蹈”“本人精通日语，求学德语”“用葫芦丝换街舞”……有人做过调查，发现事后真的有人互相联系，并学到对方的技能。这一点也不夸张，因为“闻道有先后，术业有专攻”，找到一个与你能力互补的人才是提高自己和走向成功的捷径。

史玉柱和刘伟可谓是巨人集团的黄金搭档。刘伟是巨人集团的管理者之一，也是当年史玉柱创立公司时的“四个火枪手”之一，同时是史玉柱最早的员工。现任巨人网络总裁。

史玉柱曾经说：“我们公司主事的是刘伟，她跟了我十几年，我冲动的时候，她就会把我往后拉。”

史玉柱曾经称赞刘伟“比较稳重，脚踏实地”，这一性格恰恰与史玉柱的冲动、激情形成良好的互补。史玉柱对刘伟的评价更像是一种感激和感慨。试想，如果没有刘伟，史玉柱的事业会怎样呢？喜欢独来独往并且总是有些冲动的史玉柱，恐怕会经历更多的失败和遗憾。

刘伟的长相和谈吐很有亲和力，是公关的好手，而史玉柱则明显不擅长公关，说话特别直，有时候也不管对方能不能接受，什么话都敢说。刘伟的理性和史玉柱的偏执恰恰形成了鲜明的对比。他们的特点巧妙地结合在一起，产生了积极的作用。

史玉柱是一个天生要打破规则的人，在商界具有冒险精神。而刘伟天生要遵守规则，做事很严谨。网上有个很好的比喻：如果说巨人集团堪称是一艘巨大的轮船，史玉柱就是那个把握方向的舵手，而刘伟就是那个掌握细节和管理全局的人。

一个人的成功很大程度上取决于其所交的朋友和所处的朋友圈。合适的搭档是最宝贵的资源，而志同道合、能力互补是最佳合伙人的重要特征。

解疑答惑

小Q提问： 为了结交上层人士，我搬进了富人区。虽然认识了一些富人，但只是跟他们吃喝玩乐，经济压力还让我觉得力不从心，我该怎么办啊?

作者回答： 看得出来你是想拓宽自己的社交网络，但是你并没有做一个周密的计划。首先你要考虑自己的经济能力，然后找到合适的结交对象。并不是只要是富人就可以结交，一些有钱人并不能带你进入好的社交群体。建议你先确定自己的发展方向，再根据自己的行业结交本行业的精英。

小Q提问： 我的大学同学想和我合伙开家小服装店，虽然我们关系好，但是，我很清楚我们性格不合，不能长期合作，我想拒绝他。我该怎么办啊?

作者回答：你并不愿意合伙开小店，但是由于你们以前的交情，你又很难拒绝。其实你自己也说了你们不能长期合作，既然如此，为什么还为了面子而委屈自己？而且，这样的合作也不利于将来的发展，我劝你还是跟你的朋友解释清楚。

社会交往也要遵循“二八法则”

没有自己的方向，

没有理性的认知，

就是在盲目前行、跌跌撞撞！

你不得不信的“二八法则”

1897年，意大利经济学家帕累托在调查取样中发现了一个现象：英国人财富和收益的大部分都流向了少数人手中。

同时他还发现：任何其他时期、其他国度，某一个群体中总人口数的百分比，和他们所享有的总收入之间存在一种微妙的关系。甚至早期的资料或者世界上的许多事物，都会有这种微妙的关系。

例如，人体中的水分子占80%，其他占20%；玩电子游戏，80%的时间花费在20%的游戏种类上；阅读书籍时，80%的阅读只有20%真正有用；空气中氮气占80%，氧气和其他元素则占20%；80%的交通事故是由20%的汽车狂人引起的；等等。这在数学上呈现一种稳定的特殊关系。

根据上面的调查，经济学家帕累托得出这样的结论：在任何事物当中，最重要的往往只占其中一小部分，大约20%，而其余80%的尽管是多数，但却是次要的。后来，这一理论被称为帕累托定律，又称二八法则。

人们总会陷入这样的误区，认为做任何事情，只要足够努力，就一定会有所收获。于是很多人在做事时，总是不管所做的事情正确与否，只知一味地去做那80%有趣、容易做的，实际上却不重要，甚至不相干的事情。

你是不是也陷入了这个怪圈呢？很多时候，我们并不是周围没有朋友，而是真正对你有帮助的却只占20%，而我们把大部分的时间都用在了其余80%的人身上。

朋友圈，最关键的只是一小部分

每个人身上都有一定的人际价值。那么，如何从这些人中找到最有利的互助资源，获得最大的价值呢？如果你将最关键的、最有价值的社交关系通过你连接起来，那么你就是人际网络的一个枢纽，也就有更多的机会去巩固和扩大自己的社交关系网。

美国企业家威廉·穆尔在做销售员的时候，曾为美国的格利登公司销售油漆。

第一个月，他仅赚了160美元。于是，他仔细研究了犹太人的经商智慧，并从中发现了二八法则。

他重新分析了自己的销售记录，结果确实符合二八法则的论断。自己80%的收入，恰恰来自20%的客户，而他对客户当中的所有人，都花费了同样多的时间，这也正是他仅仅赚160美元的主要原因。

在接下来的销售过程中，他把犹豫不决的客户分配给了其他销售人员，而把自己的主要精力放在那些最有可能购买的潜在客户身上。这种策略实施不久，就取得了明显的效果，他轻易赚到了1 000美元。

在以后的时间里，他一直遵循着这个法则做事，销售业绩在公司中一直排在前几位。最后，他成为凯利穆尔公司的董事长。

每个人的精力都是有限的，没有人可以把所有事情都做好。成功者往往是抓住事物关键并能好好利用的人。只有有效地做好一件事，充分地利用对自己有利的资源，才能使自己在激烈的竞争中脱颖而出。

集中80%的精力达成20%真正的目标

我们可以根据二八法则做出这样的推断：在原因和结果、努力和收获之间，也存在这种不平衡关系。

也就是说，80%的结果往往是由20%的原因所引起的，而80%的收获也来自20%的努力。就个人而言，当付出80%的努力时，也仅能带来20%的成功。这种现象在我们的工作和生活中并不陌生。一个人要想成功，就不能盲目地努力。成功的捷径就在于，集中80%的精力达成20%的真正目标。爱迪生在很久之前就给出了我们这样的答案。

有一位记者采访发明家爱迪生。

记者问："在您看来，成功的第一要素是什么？"

爱迪生想了想，回答说："能够将身心的全部精力都运用在同一个问题上而不会厌倦。"

记者又问："能不能具体地说下？"

爱迪生接着说："我们每个人整天都在做事。假如我们早上7点起床，晚上11点睡觉，除去吃饭和休息时间，我们就做了整整16个小时。对于大多数人来说，他们在这16个小时里肯定做了一些不同的事，而我和他们不同，我只做一件。假如他们也将这些时间用在一个方向或目标上，他们也一定会成功。”

爱迪生的做事原则再次证明：20%的关键努力可造就80%的绩效。

所以，要想在工作和生活中获取竞争的胜利，就要善于利用二八法则。无论做什么事情都不能“眉毛胡子一把抓”，而要分清主次、轻重和缓急。找到最关键的朋友，并抓住事物的重点，才能最快地取得成功。

解疑答惑

小Q提问： 我的上司是一个完美主义者，不允许犯一点错误。如何才能做到他的要求呢?

作者回答： 他对你有要求，有期待，但是你又达不到，是不是可以说明他的要求是没有经过考虑的呢？我觉得你可以根据自己的实际情况，把目标分成几个部分，把注意力用在最关键的事情上，一步步达到他的期望。这样做你自己也有信心，他也会满意。另外，你可以和他谈谈，让他更进一步了解你或者谈谈你们公司和市场的一个形势。最重要的是心态一定要放平，不要没做到就怪自己。加油啊！相信你自己!

小Q提问： 我一直有拖拉的毛病，从小学开始就不按时完成作业，现在工作了，我还是不能抓紧时间提高效率。我很想改掉这个毛病，我该怎么办啊?

作者回答：你可能是从小没养成好习惯，以至于后来做什么事情都会拖延。事实上很多勤奋的人有时候也是在做无用功，每个人只要把大部分精力花在关键的事情上，就能提高效率。此外，你还可以给自己制定目标和计划，按部就班地开展工作。

最有用的资源就在身边

最有用的资源就在身边，

关键是要独具慧眼！

成为“洛克菲勒的女婿”

在美国乡村，有个老头和他的儿子相依为命。

一天，一个人找到老头对他说：“我要将你的儿子带去城里工作。”老人愤怒地拒绝了这个人的要求。

这个人又说：“如果你答应我带他走，我就能让洛克菲勒的女儿成为你的儿媳，你看怎么样？”老头想了又想，终于被让儿子当“洛克菲勒的女婿”这件事情说动了。

这个人精心打扮后，找到了美国首富——石油大王洛克菲勒，并对他说：“尊敬的洛克菲勒先生，我想给你的女儿找个对象。”洛克菲勒说：“快滚出去吧！”

这个人又说：“如果我给你女儿找的对象是世界银行的副总裁呢？”于是洛克菲勒同意了。

最后，这个人找到了世界银行总裁，对他说：“尊敬的总裁先生，你应该马上任命一个副总裁！”总裁先生摇着头说：“不可能，这里这么多副总裁，我为什么还要任命一个副总裁呢，而且必须马上？”

这个人说："如果你任命的这个副总裁是洛克菲勒的女婿呢？"总裁立刻答应了。

在这个人的努力下，那个乡下小子不但娶了洛克菲勒的女儿，成为"洛克菲勒的女婿"，也成了世界银行的副总裁。

身边的朋友圈就有大能量

一个普通的乡村小伙子，想成为石油大王的女婿，可谓是天方夜谭，但事实上，就有这么不可思议的事情发生了，这很显然是借用了名人的光环。通过名人的权威和知名度，能很快引起人们的好感和关注。

很多时候，不是我们没有找到好的社交资源，而是身边有好的朋友圈，我们自己却不会利用。

《胡雪岩》一书中有这么一段描述"红顶商人"胡雪岩的话：

"胡雪岩结识人手腕很简单，胡雪岩会说话，更会听话，不管那人是如何言语无味，他能一本正经，两眼注视，仿佛听得极感兴趣似的。同时，他也真的是在听，紧要关头补充一两语，引申一两义，使得滔滔不绝者，有莫逆于心之快，自然觉得投机而成至交。"

胡雪岩的"好手腕"其实就是会利用周围的朋友关系，知道怎样跟人打交道。作为一个"红顶商人"，他的朋友圈中大多数是权贵和富商。但是，光有这些资源还不够，最重要的是如何发掘这些资源并为我所用。胡雪岩的真诚和机智是他成为一个成功商人的关键。

通过社交网络，你有很多机会认识名人。但要让他们记住你，并对你以后的事业产生影响，你还需要做进一步的努力。

这里有几个让名人记住你的法则：善于倾听，热情微笑，巧妙赞美，有足够的思想高度，能给对方留下良好的第一印象。这些技巧你要多花时间来练习，让自己熟能生巧。

独具慧眼，结交朋友圈里的核心人物

在人际交往中，有意识地去结交特定的朋友，达成自己的目标，并不是一件丑恶的事。相反，这是社会交往所必需的。因为每个人的能力和交际圈都有明显的局限性，只有相互借用，才能达到共赢。

初闯北京的王生是一个非常懂得经营朋友关系的年轻人。王生从邻居口中得知，房东阿婆的儿子李君是某大公司的主管。于是王生在与阿婆的交往中留了几分心，王生有意无意的问候常常挂在嘴边。逢休假，王生也常常拒绝邀请自己去喝酒的老乡，留在家中帮阿婆做一些整理院子、草坪之类的琐事。逢年过节，王生还会送给阿婆一些礼物。时间久了，阿婆觉得王生确实是个不错的年轻人，便向儿子提起。李君见了王生，两人相谈甚欢，彼此间都很认同和欣赏。

不久，李君向王生介绍了几位投资伙伴。于是，王生便有了自己的商贸公司。热情、努力的王生把生意做得有声有色，和投资人的关系也处理得很得当。而且，在李君的继续支持之下，王生认识了更多的商业伙伴，业务在进一步拓展中……

那些改变我们一生的重要力量也许就隐藏在我们身边，关键在于我们能否体察到，并抓住它。王生只是有意识地处理好与房东阿婆的关系，获得她的信赖和好感，最后通过阿婆的引荐结识了他社交关系中的核心人物——李君。

在竞争激烈的商场和职场中，我们必须主动去发现和关注自己社交网络中的核心人物，并且集中精力去和这些“核心人物”拉近关系，从而认识更多有助于自己职业和事业成长的人。

解疑答惑

小Q提问： 我刚加入一个英文读书俱乐部，周围的人都很优秀，但是我的英文不太好，很被人排斥，两个月过去了也没有交到一个好朋友，我该怎么办?

作者回答： 其实你已经意识到了，是你自己的英文不够好阻碍了你跟其他人进行交流。想结识你周围优秀的人就必须先让自己优秀起来，让别人看到你的优点。相信只要你自己够优秀，一定可以融入这个朋友圈。

小Q提问： 以前不知道社交关系的重要性，读了两年技校，有了一个朋友圈，但自己可有可无老是接不上话很被动，我该怎么办?

作者回答： 看来，你已经意识到了社交关系的重要性，其实你身边的朋友圈就有很大的能量，你只需要将这些能量挖掘出来。要挖掘朋友圈里的能量，可以根据你自己的需求，重点结交该领域最核心的人物。相信你会有不小的收获。

先找准位置，再找到“伯乐”

处于什么样的位置，

就是什么样的角色，

就有什么样的成就！

你能扮演的角色有很多种

有“北大校花”之称的李莹是北京盈之宝汽车销售服务有限公司的董事长。她把拥有和即将拥有宝马车的高级白领、金领和社会名流作为将来事业的一种无形资产，把这些人当作自己的朋友。“盈之宝”成立的宝马俱乐部为宝马车主们搭建了一个沟通的平台，获得了良好的口碑。朋友间相互推荐，形成了“盈之宝”的滚雪球效应。

李莹有自己的爱好，也会在忙碌的工作之余，同著名歌唱家欣赏歌剧，同芭蕾舞演员一起观看芭蕾舞等。李莹也热爱家庭，相夫教子。她曾用一年的时间，亲自动手设计装修了位于亚运村将近1 000平方米的四层别墅。李莹在事业有成之后，也未忘回报社会，设立了“盈之宝儿童艺术基金”。

李莹扮演着董事长、普通的女人、母亲、公益人士等不同的社会角色。不论何时她都能恰到好处地在不同的社交关系中定位自己。

找准自己的角色，才能找到自己的路

事实上，哪个才是真正的李莹或许一时说不清楚。但是，哪个更适合李莹成功的道路，哪个就是李莹在社会当中所处的位置。

我们都和李莹一样，在社会大群体中充当着不同的社会角色。在家庭当中，我们可能充当父亲、母亲、儿子、女儿等角色；在公司当中，我们可能充当职员、上司等角色。不同的角色都有属于自己不同的位置，我们要学会给自己进行角色定位。

角色定位就是指，在一定的系统环境下（包括时间），在一个组合中拥有相对的不可代替性的定位。一旦给自己在人脉网络中定位，就要摆正自己所处的位置。

无论做什么事情，如果不摆正自己的位置，不摆正自己的心态，将一事无成。正是这句话时刻提醒着比尔·盖茨，促使他不断走向成功。

比尔·盖茨目标明确，17岁就创办了自己的公司，并且立志成为该行业的行业巨头。就是这个目标一度推动着他前进，最终促使他成为计算机软件方面的行业巨头。

在经营社交网络时，我们不妨先找准自己的位置，然后再行动。这样才能事半功倍，水到渠成。

总有一个人，能激发你的成就感

一个成功者，总会遇到一个或几个激发他斗志的人，而这个人就是帮我们定位自己角色的人。这一点，我们可以从唐书权的自述中有所感悟。

我叫唐书权，是虎城镇一个普通的农民，现在在虎城、垫江、贵州六盘水等地办有企业。我能有今天，离不开邓书记的关心和帮助，是他改变了我的一生。

我认识邓书记是在1980年的夏天，当时我15岁。一天，一个穿着解放鞋、挎着黄布包的过路人，见我在放牛，就停了下来，看了我一会儿，对我说："你这个放牛娃，腿脚这么不方便，应该学个手艺嘛，将来才好养家糊口。"

那时我家里非常贫困，姊妹又多，加上脚有先天残疾，也没考虑将来的事，混一天算一天。后来，我又想起了那个过路人的话，脑壳开了窍，就对父母说："犁田、耱田、做农活我都奈不何，要去学手艺。"

20岁时，我在虎城街上开起了理发店。一次，他来理发，坐在椅子上，我激动地说："我就是当年那个放牛娃，是你叫我学的手艺，你还记不记得？"他很惊讶，说："是吗，真的是吗？"他显得非常高兴，关切地问我："生意好不好？"我告诉他生意不好，他耐心地说："你不要认为你是个残疾人，要有自信嘛！手艺嘛，要细心地做，诚实地做，将来会好起来的！"

这句话我一直记得，受用了一辈子。1992年，我在虎城街上修起一楼一底的房子。1993年，我改行做起了五金、建材生意，生意越来越红火。2002年，我的砖厂生意红火……

我本是一个贫穷、自卑的残疾放牛娃，是邓书记的一句话改变了我，让我放下了自卑，树立了自信，现在办起了几家企业。没有他的真心帮助和支持，我不可能有今天。

本来只是一个注定在村子里混一辈子没有理想的残疾人，因为邓书记的一句话，唐书权从一个自卑、贫穷的青年，经过自己的努力，摇身变成一位成功的企业家。可以说在唐书权的人生道路上，邓书记是一个关键的人物。

“先有伯乐，然后有千里马。千里马常有，而伯乐不常有。”每一个成功者背后都有一个激励他的人，千里马要成为千里马，就要找到机会，遇见自己的伯乐。贵人不可多得，他会帮我们突破瓶颈，让我们在短时间内获得超人的成绩，并受益终生。可见，在一个社交群体里找到能够赏识自己的人是多么重要。

解疑答惑

小Q提问：我是一个网络写手，干这一行业有几年了，作品点击率也挺高，但就是找不到合适的公司签约。没有伯乐，我该怎么办?

作者回答：正如书中所讲到的，“千里马常有，而伯乐不常有”。如果你有超强的能力，你要做的就是多找机会进入相应的社交群体，从你的同行那里结识对你的作品感兴趣的人。多参加一些社交活动，增加和“伯乐”接触的机会，关键时候，不妨毛遂自荐。

小Q提问：我的男友很爱我，但他不接受我一个人创业。如果我不和他分开那么我这一辈子就这样了，没有什么成就。我应该怎么处理啊?

作者回答：这是很多人都面临的问题，其实，这并不矛盾。每个人都该有自己的理想，我想他不会剥夺你拥有理想的权利。同时，多和他沟通一下，女人也可以有自己的事业，并不是所有的女人都该依靠着男人生活。最重要的是你要先找到自己的位置，你的事业和爱情并不矛盾。

你足够优秀，才会有人欣赏

自助者天助，

找到贵人前，先让自己变优秀！

欲要贵人助，务必先“自贵”

“堂前听喜鹊，出门遇贵人。”大名鼎鼎的诺贝尔文学奖获得者莫言，在他“出门”之后的文学创作道路上，也多次遇到过贵人，且有时不是一个人，而是一个“贵人群体”。正是在贵人的“助推”之下，他一步步潜心笔耕，直至登上世界文学的巅峰。

20世纪70年代末，莫言在保定的狼牙山下当兵，开始了文学创作。和许多初学写作者一样，他投寄出去的稿件不是被屡屡退回，就是石沉大海。保定市文学期刊《莲池》编辑部的毛兆晃老师从来稿作者中发现了莫言的文学潜能，于是把他叫到编辑部，教莫言修改稿子。1981年秋天，《莲池》（第5期）在头条位置刊发了莫言的处女作《春夜雨霏霏》，让中国文坛第一次记住了莫言这个名字。对于初出茅庐的莫言来说，这当然是一个莫大的鼓励和安慰。随之一发而不可收，毛兆晃接连编发了莫言5篇小说。此后两三年，毛兆晃还经常带着莫言去白洋淀，或是体验生活或是参加各种作品研讨会，使莫言的文学创作逐渐步入正轨。

担任过解放军艺术学院文学系主任的徐怀中，曾经给予莫言许多帮助和呵护，被莫言称为“恩师”。当时，莫言考试报名已经错过了时间，是徐怀中给了他参加考试的机会，并最终录取了他，成为军艺“黄埔首期”的学员。在求学期间，徐怀中给莫言“开小灶”，亲自帮他分析作品，找出毛病，探寻独特的创作道路，然后，凭借自己在文学界的威望向报刊和出版社推荐。1984年年底，莫言创作出了成名作《透明的红萝卜》。在徐怀中的帮助下，这篇小说在华侨大厦召开了研讨会，给莫言带来了全国性声誉。这篇小说使莫言真正走上文坛，成为一个全国知名的青年作家。

要想走向世界，还要靠优秀的翻译家把作品翻译成外文。因此，在瑞典从事翻译现代中文作品的陈安娜，对莫言获奖功不可没。她在瑞典翻译出版了莫言的《红高粱家族》《天堂蒜薹之歌》和《生死疲劳》三本书。美国翻译家葛浩文也是助推莫言走向世界的有力推手。作为翻译中国当代文学作品的国际级大师，数十年来，他已将莫言的十多部作品介绍给英语国家读者。与莫言有“三支烟关系”的诺贝尔文学奖18位终身评委之一的马悦然，是评委中唯一深谙中国文化、精通汉语的著名汉学家。他负责推荐中国文学，被公认为是中国文学走向世界的重要推手，对莫言的成功也起到了重要作用。

找到欣赏自己的人

欲要贵人助，务必先“自贵”。如果自己没有思想准备和主动性，缺乏打牢事业发展所需要的知识基础和必备技能，纵使遇到贵人，怕也未必奏效。莫言能在贵人帮助下走向辉煌，是因为他有长期苦难生活的经历和社会阅历，经苦读和磨炼具备了丰厚的知识储备与娴熟的写作技能。“打铁先得自身硬”，自身素质过硬才是成功的前提。

吴宗宪算是一个“伯乐”，天王周杰伦就是他的“一匹千里马”。

在《超级新人王》的比赛中，吴宗宪是评委。本来周杰伦并没去报名，是他的学妹帮他报名，后来他才去参加的。

吴宗宪说周杰伦唱歌一点都不好听，但是他看了周杰伦创作的歌曲后说：“很复杂，很有古典音乐的风格，不一般的。”所以给了周杰伦机会。

周杰伦还没参加《超级新人王》比赛的时候已经是淡江中学的校园“超级人气王”了。他还没出道就已经帮好多歌手作曲了，可以说他是个音乐天才。

作为周杰伦出道并成名的“伯乐”，吴宗宪堪称其生命中的“贵人”。翻开很多成功者的档案，便会发现，这些成功人士的秘密之一就是，在他们奋斗的路上总会有贵人相助。但是想找到这些贵人，除了上天赋予的机会，还要靠自己独具慧眼、具备真才实学。

不要掩藏你的优点

“19××年×月××日晚7时，我写完最后一篇工作日志，关紧厂房里的最后一扇窗。窗上有一小片白灰溅上的印迹，我用指尖点了一点口水将它擦掉了。我明天要去一个新的公司上班了。”

这不是工作日记，而是一位求职者在美国跨国公司应聘时所用简历的开头。这个流水账式的开头，使他得到董事长的钦点录用。该公司以严格的现场管理著称，需要的正是这种做事严谨的员工。

想在一个社交群体里受到关注，就要展示自己的优点。同时，展示自己也要注意用合适的方式、选择合适的场合。在朋友圈中，将自己的优点适当地表现出来才是聪明人。

解疑答惑

小Q提问：我从小在不要张扬个性的环境下成长。有一次参加社交活动，有人问我有什么优点，可我根本说不出来，气氛顿时很尴尬。我该怎么办？

作者回答：你觉得自己说不出自己的优点，这可能是因为你比较内敛，不善于自我夸奖，但是这并不代表你就没有优点。还有就是你不够自信，不会表达自己。当别人问你的优点时，其实是想进一步了解你，找到你们的共同点。你可以聊一些自己平时喜欢做的事情，或者谦虚地请教对方，以此缓和气氛。

小Q提问：从小老师就说谦虚是一种美德，周围的人也烦感那种在人前“卖弄”的人，可我就是特别喜欢在别人面前表现自己，我该怎么办呢？

作者回答：谦虚并不是说你不能表现自己，其实即便是要谦虚，也要适时地表现自己的优点。这可以让别人了解你，帮助你建立良好的交际关系。谦虚的美德与表现自己并不矛盾，关键是你要找准时机，并选择适当的场合。

谁能把握先机，谁就是赢家

出名要趁早，

机会都靠自己把握！

曝光率是自己创造的

在竞选联邦议员时，我每天给民主党主要捐献人打四五个小时的电话，试图得到他们的回复。我召开过记者招待会，却没有一个观众。我们签约参加一年一度的圣帕特里克节游行活动，却被安排到游行队伍的最后。我和10位志愿者只能朝滞留在路边的稀稀拉拉的几个观众挥手，并且身后几步就是清洁车，工人正在清理垃圾和路灯柱上的绿色三叶草贴纸……

大多数时候我都是自己驾车游说，首先从芝加哥的一个个选举区，再到各县各镇，最后跑遍整个州。路过大片的玉米地和豆子地，火车轨道和储料仓，整个过程举步维艰：没有一份像样的邮件联络名单，更没有好好地利用网络优势。我只能靠朋友和熟人关系，去敲开每一扇陌生的大门，或者将拜访安排在教堂、工会大厅、桥牌小组这些地方。

有时，在赶几个小时的路程后，才发现只有两三个人围坐在餐桌旁等我。这时候，我还得让主人别介意到场人数，而且少不了把他们准备的点心赞美一番。有时候我等到教堂礼拜仪式结束，而牧师却把我要发言的事忘得一干二净……

巧妙宣传自己，获取先机

这段话节选自奥巴马的自传《无畏的希望：重申美国梦》。

奥巴马在初入政坛时，就不断增加自己曝光的机会，并通过各种渠道树立自己的好形象。他在极其艰难的情况下，凭借自己的艰苦努力，不断地创造机会增加自己的曝光率。奥巴马就是抓住了每一次机会为自己树立起良好的形象，才成功当选美国联邦参议员。这无疑为他问鼎白宫，成为美国总统打下了很好的基础。

我们虽然不需要竞选总统，但是一旦有合适的机会出现，就要抓住它，积极地表现自己。因为机会一旦错过，就绝不会再有第二次。宣传自己不仅仅是靠艰苦的努力，有巧妙的方法就会锦上添花。

阿里巴巴正式上市时，马云成为中国新首富。当你还在朋友圈刷马云的时候，东莞一个1987年出生的叫唐军的小伙，白手起家，用两年时间成功闯进了马云的朋友圈，甚至跟马云、史玉柱、柳传志这些大佬一起合伙开起了公司。

这名叫唐军的年轻人是如何“高大上”地经营自己的社交网络的呢?

1987年出生于四川的唐军，打小父母就在东莞打工，他是万千留守儿童中的一员，从12岁起，他就得一个人坐火车往返四川与东莞，这无形中锻炼了他的独立性。

从大学起，他就有过各种创业经历，但始终没有什么起色。大学即将结束的时候，他进了东莞一家贷款公司做销售，很快搞清楚门道的他，短短两三个月就挣了50万元，然后就出来自己开信贷咨询公司。

2012年6月，P2P网络借贷平台兴起之时，唐军看到市场潜力，也杀进去创办了团贷网。大家知道，互联网公司要想快速成长，扩大知名度很重要。2012年年底，优米网举行的“名人时间拍卖”，史玉柱拿出3个小时出来“陪聊”，就像巴菲特午餐一样，谁出价高谁就能获得跟史玉柱当面聊天3个小时的机会。

此时，只是一个无名小卒的唐军，狠心花了213万元拍了下来。这相当于他全副身家的两成。当时，很多人嘲笑他脑子进水了。现在看来，唐军下了一招妙棋。跟史玉柱见了面之后，唐军顺利进入了史玉柱的朋友圈。

花巨资跟史玉柱见面，立刻引起媒体的广泛报道，唐军和自己的团贷网知名度暴涨。曾在2011年拍下了史玉柱3小时的上海富商袁地保，也开始关注唐军，经过与唐军的接触和对其公司的考察，很快给唐军投资了2 000万元，仅这一笔投资，就远远超过了唐军花的213万元“投资”了。

史玉柱跟唐军见面后，对这个年轻小伙印象不错，向唐军引荐了很多人，比如当时的民生银行董事长董文标等。唐军抓住机会，不断扩大自己的高端朋友圈版图，随后又与分众传媒创始人江南春混熟，还把江南春“发展”成了团贷网首席品牌营销顾问。

唐军善于借势，得到商界大佬的认可后，他直接在网上挂出史玉柱、江南春等商业大咖的头像，给团贷网造势。随着团贷网知名度的提高，成交额两年突破31亿元，跻身全国第六。

许多人抱怨找不到合适的平台，得不到他人的欣赏，却从不检讨自己是否努力去创造机会，并用最佳的方式展示自己的长处。进行人际交往，不能守株待兔，还要有巧妙的方法，以获取先机。

无法被拒绝的请求

除了要找机会表现自己之外，宣传自己的方式和对时机的把握也十分重要。与人交流要讲究沟通策略，在不同时机和场合跟人交流会有不一样的效果。下面这个案例讲述了一个让人无法拒绝的请求。

老王的女儿马上就要升高中了。女儿成绩优秀，在数学奥赛中拿过两次奖，市实验中学是老王女儿的首选。可是因为女儿属于借读，本地户口问题一直没有解决，这在升学时会有限制。刚好老王听说朋友上司的老婆是市实验中学的党委书记，可是这层关系太远，老王苦于没有机会为女儿升学做点什么。就在这时，老王听朋友说，上司的母亲要过八十大寿，打算大办，于是老王决定随朋友一同去给老人家贺寿。

老王以朋友的名义随了一份贺礼，经朋友介绍见了上司和他妻子。对方很开心，觉得寿宴来人越多越好。老王知道今天的主角是老寿星，于是老王靠近围着老人家的人群听老人家和旁人聊天，得知老人家年轻时在陕西插过队，非常喜欢信天游，而老王是陕西人，是唱着信天游长大的。于是老王一展歌喉向老太太唱了几曲纯正的信天游，唱得老太太热泪盈眶。

过后，老王和朋友上司夫妇的关系一下拉近了，老王趁机向女主人说了自己女儿的情况，还把女儿获过的奖项都说了一遍。女主人——实验中学的党委书记说学校还是希望招进优秀人才的，于是带着老王认识了来参加寿宴的招生领导。就这样，老王女儿的升学限制问题解决了。不久老王女儿以优异的成绩升入了市实验中学。

老王的事例告诉我们，选择合适的场合和时机去结识对方和对方沟通问题，会达到事半功倍的效果。首先，老王选择了对方无法拒绝的场合，寿宴一派和气，老王是去贺寿的，伸手不打笑脸人，对方不可能一口回绝。再者，老王选择了合适时机。老王的几曲信天游，让老太太的寿宴有了一个小高潮，功不可没，这时提要求对方肯定会带着感激的心情尽量满足。

解疑答惑

小Q提问：我做销售一个月了，每次去拜访客户都吃闭门羹。我作为一个陌生人，去拜访别人应该注意些什么呢?

作者回答：如果你要去拜访陌生人的话，可以从以下几个方面着手。首先，要面带微笑。因为别人不认识你，这样可以留有好印象。其次，见面后一定要先表明来意。只有这样才便于往下交谈。此外，不要为了拜访而拜访。无论你是出于什么原因去拜访他，一定不要总在你的问题中打转。这样很容易让人反感，偶尔可以谈谈别的话题。

小Q提问：现在是“就业最难季”，我因为相貌不佳，遭到了很多公司的拒绝。我对就业失去了信心，我该怎么办?

作者回答：相貌不佳确实是一项弱势，但是，这对你找工作并不会构成很大的威胁。事实上你并没有扬长避短找到适合自己的表达方式。要想推销自己，首先要对自己的能力有信心。此外就是找到机会，通过合适的方法把自己的能力表现出来。

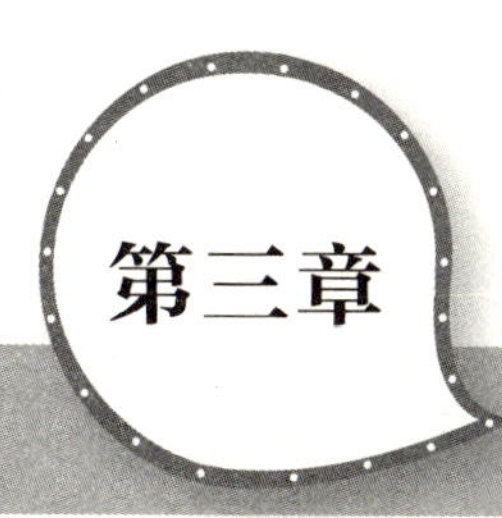

第三章 优雅地与人交往

子曰，不学礼，无以立。想要给人留下良好的第一印象，并为自己赢得做事机会，在礼仪得当的基础上自信的表达、深入的交流，以及保持一颗宽容之心，都是不可或缺的成功要素。

赠人玫瑰，手留余香

赢得人心的真谛，

在于发自内心地去帮助别人！

戴安娜的亲和力

在英国人的心目中，美丽善良的戴安娜王妃以富于爱心、乐于帮助穷人著称，而且她特别关注艾滋病患者，因为戴安娜觉得人们为艾滋病患者做的实在太少太少。她就像一位守护在艾滋病人身边的天使，给予他们心灵上的温暖和精神上的支持。

“她美丽得远远超出美丽的简单定义，虽然自身生活不幸福的阴影萦绕着她，但她丰富的内心世界迸射出夺目的光芒。”这是艾瑞·杰克逊的女友安吉拉眼中的戴安娜。

艾瑞·杰克逊是英国芭蕾、歌剧等艺术领域的杰出人物，但不幸的是他在20世纪80年代中期被诊断为感染了艾滋病。在他生命的最后时刻，陪在他身边的除了女友——皇家芭蕾舞团演员安吉拉，还有一位一直静悄悄不为人知地关心照顾他的天使，这就是戴安娜王妃。

因为病情恶化，艾瑞·杰克逊不得不整日蜗居于自己的公寓中，戴安娜便常常前来探望。有的时候，她甚至带着两个儿子威廉王子和亨利王子一同前来。戴安娜的探望绝非“蜻蜓点水”，她在给艾瑞带来诸如一束鲜花这样的小礼物的同时，也带来了她真切的理解和深深的关怀。

当艾瑞因病情加重被送往圣玛丽医院接受特殊护理时，戴安娜按照王室的计划必须陪同王室成员前往地中海度假。假期结束，戴安娜一下飞机，便径直赶到医院。看到神采奕奕的戴安娜，生命垂危的艾瑞喜形于色。这一切，只因为戴安娜在上飞机前，艾瑞曾对她说“我会活着等你回来”。

几天后，病入膏肓的艾瑞已经停止服用一切药物，安静地等待着死亡的到来。看着奄奄一息的艾瑞，安吉拉想起戴安娜在离开英格兰前往苏格兰的贝尔摩若堡前的叮嘱——有什么情况一定通知她。于是，她抱着一丝忐忑把电话打给了戴安娜，令她没有想到的是，凌晨4点钟戴安娜出现在了艾瑞的病房里。

戴安娜为她的迟到表示了歉意，并解释说，当她接到电话时，苏格兰到伦敦的最后一班飞机已经起飞，私人飞机又租不到，结果她只能飞车600英里赶回伦敦。几天后，艾瑞去世了。

几年后，同样是在8月，阿尔马隧道的那场车祸带走了戴安娜的生命。在她的葬礼上，自发赶来为她送别的人达200万之众，被记者称为“前无古人，后无来者”。人们再也无法看到戴安娜精神焕发地从事她所关心的慈善事业了，但这并没有让戴安娜走出人们的记忆。时至今日，她的光芒仍然遮蔽着她曾经的丈夫、儿子、情敌乃至英国女王。对于大多数英国人来说，戴安娜依然活着，她依然是一副和蔼可亲的面容。

是否受欢迎，源于亲社会能力

戴安娜王妃，虽然一生短暂，但是她的影响力却非常深远。不论白金汉宫多么殚精竭虑地贬低戴安娜的影响力，戴安娜王妃从生前到逝后一直是全球瞩目的对象，在历次公布的民意测验中，她都是王室最受欢迎的成员之一。

戴安娜王妃之所以有如此大的影响力，完全是因为她生前令人动容的亲社会举动。虽然十几年的王室婚姻并没有给戴安娜幸福，但是戴安娜一直以美丽善良、富于爱心、乐于助人的形象展现在世界人民面前。她真诚地帮助穷人和艾滋病患者，像亲人一样去关心他们。她的亲社会态度让她赢得了全世界人民的尊敬，同时也给她自己带来了欢乐。

从上面的例子中我们可以看到，无论背景、身份和地位如何，赢得人心的真谛都在于发自内心地去帮助别人的愿望和付诸实践的亲善行为。

如果要赢得别人的尊重和喜爱，想从帮助别人的过程中得到快乐和幸福。那么，就要从内到外，锤炼自己的亲社会形象！

你的亲和力在哪里？

亲社会形象的建立，源于一个人的亲和力。然而，亲和力是什么呢？

亲和力所表达的不是人与人之间物理距离的远近，而是心灵上的通达与投合，是一种基于平等待人的相互利益转换的基础。真实的亲和力，以善良的情怀和博爱的心胸为依托，是一种发自内心的特殊禀赋和素养，源于人对人的认同和尊重。

要想融入一个社交群体，最好的办法就是培养自己的亲和力，让别人愿意接受自己。一个人之所以被称为“成功人士”，不仅仅是因为他家财万贯或出身高贵，还源于他高贵的品质。其中，很重要的一点就是乐于助人！

石油大王洛克菲勒享有盛誉，不仅仅是因为他的富有，更是因为他乐于助人的高尚品格。

在一个炎炎夏日，一位衣着随便、满脸疲惫的老人在候车室等候火车进站。这时一位胖妇人提着一只大皮箱在检票口，气喘吁吁。她看见前面的老人便大喊：“喂，老头，快给我提下箱子，我会付给你小费。”

老人回过头二话没说，拎着箱子走过去了。上车后，胖妇人给了这个老头一美元。老头微笑着接了过来。这个时候，列车长走过来毕恭毕敬地说：“您好，尊敬的洛克菲勒先生，欢迎您乘坐本次列车，如有需要，我们乐意为您效劳。”老人客气地回答：“谢谢，不用了。”

一旁的胖妇人惊叫起来：“上帝，我居然让洛克菲勒给我提箱子，还付他一美元小费！”她诚惶诚恐地向洛克菲勒道歉，并要求收回小费。但是洛克菲勒说这是自己应得的，并郑重地把一美元放进口袋。

洛克菲勒不介意被人当作搬运工给人留下了非常好的印象。这样的好形象，一传十，十传百，这就是他享有盛名的原因吧。

解疑答惑

小Q提问：我作为公司的主管，平时比较严肃，也不爱开玩笑，这使我的下属不愿意跟我交流，我该怎样提高自己的亲和力呢？

作者回答：要培养亲和力首先就得装扮大方，以显示淡雅清新的气质，给人以舒适感。学会微笑，努力使笑容真实自然。有意识放慢说话速度，让自己的表达清晰、有逻辑，但也不要慢条斯理，让人感觉没有激情。多培养自己的兴趣爱好，不断培养自己的信心，不断与人沟通。业余多听一些舒缓的音乐，看一些杂志、书籍，能让你保持一种自然、平和的心态。

小Q提问：我在朋友圈里很有亲和力，混得也很好。但是，老是有人找我帮忙，把我的生活搅得一团糟。我不想因为我的拒绝把人际关系搞僵，我该怎样处理呢?

作者回答：在人际关系里要面面俱到是很难的，你要找到朋友圈里重要的交往对象，同时，坚持自己的原则，帮助他人也要有底线。当周围的人知道你的办事原则之后，也会尊重你，自然就不会什么事情都来找你帮忙了。

自信是社交中最受欢迎的品质

只有自信的人，

才有潜力成为社交场上的明星！

信心是命运的主宰

意大利女明星索菲亚·罗兰因出演《两妇人》《卡桑德拉大桥》而荣获奥斯卡最佳女演员奖。20世纪50年代起，她就以自己独特的气质和高超的演技而名扬天下。曾经有人这样形容罗兰："如果罗兰是花，她将不会是小巧精致、有色无香的西洋菊，而是粗枝大叶、清远香溢的荷花。"

可是，她的星途并非一帆风顺。她在16岁第一次拍电影的时候就遇到了一个挫折。

第一次试镜时，她失败了。摄影师们都说她不够美人的标准，抱怨她的鼻子和臀部。导演建议她把臀部减去一点，把鼻子整短一点。演员一般都得听导演的，但是索菲亚·罗兰却没有。她告诉导演，她相信自己，对自己有信心，认为这就是她的特色。

大家都认为她很骄傲，不能听取别人的意见。但她的一番话引起了导演的兴趣，导演给了她一次为自己辩解的机会。

索菲亚·罗兰自信地说："我的脸确实与众不同，但是，我为什么要长得和别人一样呢？至于臀部，不可否认，我的臀部确实有点过于发达。但这是我的一部分，是我的特色，我愿意保持我的本来面目，并且坚持它们就是美丽的。”

导演被她说服了。索菲亚·罗兰一下子红火起来，走上了成功之路。在1999年英国举行的一次“世界上最美丽的女人”评选中，65岁的索菲娅·罗兰一举击败了众多年轻貌美的明星，以3 000张选票当选为20世纪“世界上最美丽的女人”。2011年8月，在由摄影专业人员进行的“史上最上镜的10大名人”调查中，索菲亚·罗兰排名第九。

坚信自己的价值，冲破内心的阻力

索菲亚·罗兰，就是一个坚信自身价值，保持高度自信的人。摄影师眼中的缺点，反而成为她日后最耀眼的地方。不得不说，是她的自信和勇敢让她更有魅力。很多人的美丽并不是因为外表，更多的是源于自信和智慧。在社交场合尤其如此。比如，我们无法指望一个长相漂亮但一开口就粗话连篇的女人能在社交场上有很多仰慕者，或者有很大的影响力。然而，并不是所有人生来就可以做到自信的，自信还需要冲破自卑这个阻力。

美国前总统富兰克林·罗斯福的夫人艾莉洛出身名门，照理说，她应该是个非常自信的女孩子，实则不然。因为家中美女如云，她的母亲、婶婶都是社交界名媛，相形之下，她一直自认为是个笨拙的丑小鸭：长相平凡、举止羞涩，上流社会的一切热门活动都和她无缘。她终日生活在自卑感以及他人的阴影之下，所以，她非常害怕参加各种舞会，即使参加也只能孤单地待在某个角落里。

在一次圣诞节舞会上，一位叫富兰克林·罗斯福的年轻人注意到了艾莉洛，他翩然上前邀请羞涩的艾莉洛跳舞，艾莉洛迟疑着答应了。就从这一次邀请之后，艾莉洛走出了自卑的阴影，终于成为一个拥有自信笑容的魅力女人。

很多时候，阻碍自己与别人交往的并不是平凡的相貌、简朴的衣着，而是你内心强大的阻力。就像艾莉洛的自卑与自信，只在一念间，一句话、一个邀请，便改变了艾莉洛的一生。所以，只要冲破内心的这一阻力，一切社交难题都将迎刃而解。

在朋友圈里，要有自己的风格

或许很多人都认为，要融入一个朋友圈，就必须学习这个社交群体里的人的穿衣风格、饮食习惯、说话口音，等等。努力适应社交群体的大环境确实是进入这个朋友圈的捷径。但是，这样的千篇一律或许只能让你进入这个朋友圈，但不一定能让你从这个社交群体里脱颖而出。想占有一席之地，怎能事事追随众人，而没有自己的风格呢？

“天下最大的是上帝，上帝之后，就是我——穆里尼奥。”这是著名足球教练穆里尼奥在自传中的开场白。许多喜欢足球的朋友都知道这位狂人教练，他桀骜不驯、树敌万千；同时，他又取得了辉煌的成就，赢得了一批忠于他的球迷。

在人际交往中，我们总会拿一种“别人没有，别人有但并不比自己强”的品质来给自己树立信心。我们称其为“独特的风格和特点”，也就是个性品质。心理学研究表明，个性上的优点能吸引陌生人喜欢自己，也让我们有足够的信心去面对陌生人。因此，我们每个人都要拥有一张独一无二的个性名片，就像穆里尼奥一样，成为“上帝的孩子”。

轻松秀出你自己

在与别人交往时，不妨把自己最好的一面展现出来，以博得对方的喝彩。具体可以从下面四步入手。

（1）解释你姓名的寓意，让别人记住你。

（2）秀出你的长处，为你争取印象分。

（3）过分慌张时，深呼吸，并利用按压穴位的方式来释放压力，让自己变得更加从容。

（4）不必担忧惹人讨厌。大多数交谈都是从琐碎而平凡的事情开始的。因为琐碎的谈话使人们感到轻松。

解疑答惑

小Q提问：我是一个很胆小的人，每次跟人说话时，就算有自己的观点，但是看着对方，我还是支支吾吾说不清楚，现在都不敢跟人交流。我该怎么办呢?

作者回答：你已经意识到自己并不是一个自信的人，但没有人天生自信。你一定要相信你可以战胜自卑。你可以通过以下这几个方面来提高自己的信心。首先，发现不自信的根源，正确评价和解决自己的问题。其次，在学习、工作等方面付诸行动，一步一步建立信心。平时注意保持亲切的笑容。此外，还要定期提醒自己，你比想象的还要好。相信过一段时间后，你就会有所改变。

小Q提问：我从小成绩就很好，周围的人也很喜欢我。但是，进入社会之后我发现周围比我优秀的人比比皆是，我开始怀疑自己了，我该怎么办呢?

作者回答：当你因为别人的优秀而怀疑自己时，你已经变得不自信了。事实上，你陷入了一种悲观的情绪模式。乐观的思维模式是，当你发现周围的人比自己优秀时，你要感到高兴，并反思自身的不足，并向比你优秀的人请教，努力提高自己。

打造第一印象，赢得他人欣赏

超过80%的最终评定，

都是在首次接触中得出并持续下去的。

外表是第一封介绍信

那天上午，马鸣赶到鸿达公司参加最后一轮应聘考试。主考官正是鸿达公司的谢总。临到考试时间快要结束了，马鸣才满头大汗地赶到考场。

谢总瞟了一眼坐在自己面前的马鸣，只见他大滴的汗珠子从额头上冒出来，满脸通红，上身一件红格子衬衣，加上满头乱糟糟的头发，给人一种疲疲沓沓的感觉。谢总仔细地打量了他一阵，疑惑地问道："你是研究生毕业？"似乎对他的学历表示怀疑。马鸣很尴尬地点点头回答："是的。"接着，心存疑虑的谢总向他提出了几个专业性很强的问题，马鸣渐渐静下心来，回答得头头是道。最终，谢总经过再三考虑，总算决定录用马鸣了。

第二天，当马鸣第一次来上班时，谢总把他叫到自己的办公室，对他说："本来，在我第一眼看到你时，我就不打算录用你了，你知道为什么吗？"马鸣摇摇头。谢总接着说："当时你那副尊容实在让人不敢恭维，满头冒汗、头发散乱、衣着不整，特别是你那件红格子衬衫，更是显得不伦不类，不像个研究生，倒像个自由散漫的社会小青年。你给我的第一印象太差。要不是你后来在回答问题时很出色，你一定会被淘汰。”

马鸣听罢，这才红着脸说明原因：“昨天我前来考试时，在大街上看见有人遇上车祸，我就主动协助司机把伤员抬上的士，并且和另外一个路人把伤员送去医院。从医院里出来，我发现自己的衣服沾了血迹，于是，我就回家去换衣服。不巧我的衣服还没干，我就把我二弟的衬衫穿来了。又因为耽误了时间，我就拼命赶路。所以，时间虽然赶上了，却是一副狼狈相……”

谢总这才点点头说：“难得你有助人为乐的好品德。不过，以后与陌生人第一次见面，千万要注意给别人的第一印象啊！”

马鸣的工作很出色，不到半年，就被升为业务主管，深得谢总的器重。

注重“第一印象”

假如马鸣在回答问题时，不是足够优秀，那他一定会与这份工作失之交臂。在现实生活中，重要的人物都将时间看得非常重要。他们没有充裕的时间专门关注一个人的长期表现，所以，在首次接触时，他们就已经对你的价值做了判断。

林肯曾因仪表问题拒绝了朋友推荐的阁员。这个朋友愤怒地责怪林肯以貌取人，拒绝了一个才华横溢的人，与此同时，他指出任何人都无法为自己天生的脸孔负责。林肯听完朋友的话，淡然地说：“人无法为自己的脸孔负责，但可以为自己的面貌负责。这点对于一个过了40岁的人来说，更为重要。”

人们都有先入为主的特点。如果第一印象好，就会为以后的交往打下良好的基础。有些人会抱怨自己不富有，没有名牌衣服，长得不够高大、不够英俊、不够漂亮，等等。其实，这些都不是问题的根源。

心理学家做过这样的调查：决定一个人第一印象的重要因素是什么？最后得出的结果是：80%的人认为是外貌，13%的人认为是声音，7%的人认为是人格。看来大多数人已经意识到一个人的外在形象对于人际关系的处理是多么重要。人的外表和形象不仅仅是一张漂亮的脸蛋，它更多地包含了你的体态、衣着、神情、声音等方面的细节。事实上，“第一印象”是可以被管理的。要想给别人留下良好的第一印象并不难，心理学家认为，第一印象主要包括性别、年龄、姿势、面部表情等“外部特征”。

所以，只要注意从这几方面入手，给人留下好印象就不会太难。

做好“表面功夫”

做好“表面功夫”，是指通过修饰和完善自己的言谈举止，打造良好的第一印象。

1.要特别注意自己的服饰，要符合身份、地位和场合的要求。比如，女士化妆要自然，不可夸张；男士要特别注意自己的衬衫、鞋子和手指的修饰。心理学家认为，这三样东西对塑造完美的第一形象非常重要。

2.言谈举止是一个人精神面貌的体现，开朗、热情、亲切、平易近人的言谈举止容易被人接受。相反，不良的言谈举止，会给对方留下不好的印象，甚至引起反感。

3.保持好情绪。心理学家指出，在你与陌生人打交道的过程中，你的情绪能直接影响对方对你的印象。比如，你的情绪不好，坏情绪就会传递给对方，这时，他们就无法对你产生良好的第一印象，也就不可能交往下去。

4.适当表现自己。人们都喜欢与充满自信、热情、有礼貌的人交往。抓住这种心理，在适当的时候表现出你的好品质。

一点小智慧，让你更胜一筹

好的第一印象除了外在形象之外，还有机智的谈吐。李维就是一个成功的案例。

推销员希得·李维曾经遇到一个名字非常难念的顾客。他叫尼古玛斯·帕帕都拉斯，别人因为记不住他的名字，通常都只叫他“尼古”。而李维在拜访他之前，特别用心地反复练习了几遍他的名字。

当李维见了这位先生以后，面带微笑地说：“早安，尼古玛斯·帕帕都拉斯先生。”

“尼古”简直是目瞪口呆。过了几分钟，他都没有答话。

最后，他激动地说：“李维先生，我在这个小镇生活了35年，从来没有一个人试着用我真正的名字来称呼我。”当然，尼古玛斯·帕帕都拉斯成了李维的顾客。

虽说初次接触所获得的信息往往具有一定的虚假性，而第一印象一旦形成，后续的信息常常只扮演补充和解释的角色。因此，我们应冷静、客观地对待第一印象，注重第一印象的影响。

解疑答惑

小Q提问：每次我和陌生人打交道都会冷场，无论我之后怎么热情地和他们打招呼，他们都不愿意有更深的接触。我觉得还是因为我不能给别人留下一个好的第一印象，请问我该怎么做呢？

作者回答：第一印象十分重要，要想给别人留下好的第一印象你可以从三个方面入手：着装要大方得体、言谈举止要有风度、办事态度要真诚。当然，要给人良好的印象，还需要注意其他很多事项，一般视具体的人而定，也要靠自己平时去摸索。

小Q提问：我单身两年了，朋友开玩笑说是因为我不太注重自己的外在形象，总是不能给周围的女孩子留下好印象。我不同意他的观点，难道一个人的内在不是更重要吗？

作者回答：你说得很对，内在很重要。但是在两个陌生人第一次见面时，外在更直接，也是非常重要的。人在心理上总会受到首因效应的影响。因此，第一印象在很大程度上决定你和这个人是不是能继续交流下去。而人的内在一般只有在对方有耐心了解你的情况下才会起作用。

积极表达是赢得赞同的基础

优秀的领导者，

不一定要具有出色的特质和卓越的能力，

但是一定要有良好的沟通能力。

只要肯想，就能拉上关系

1984年5月，美国总统里根访问上海复旦大学。

复旦大学校长致欢迎词后，里根总统开始了他长达半小时的演讲。他首先向复旦师生转达了美国人民的问候："我们访问中国才五天，所看到的名胜古迹却使我们一生难忘。这当中有从太空都能看到的巍峨壮观的万里长城；还有古城西安、秦始皇墓和出土的兵马俑大军。"

"这些都是历史上的奇迹。但是，我今天想和你们这所著名学府的年轻人谈谈未来，谈谈我们共同的未来，谈谈我们怎样才能发挥治学的才智和探索精神来了解彼此的情况，改变人类的生活。

"我想略微谈谈中美之间的教育交流计划。两国交换留学生，实际上并不是什么新事物，你们的谢校长曾在美国史密斯学院获得学位。史密斯学院也是我的夫人南希的母校。谢校长还在麻省理工学院学习过，这是美国最大的一所理工学院。

"然而最近几年以来，两国交换的留学生人数急剧增加。五年前，中国去国外的留学生还只不过几百名，而现在中国在全世界的学者和学生已达两万多名。美国学生在中国学习，有广阔的天地。他们向中国学习如何监测和预报地震，学习中国在研究癌症的病因和治疗方面是如何取得这么多成就的。中国在神经外科、用草药治病等方面，有许多东西可供我们学习。我们也非常高兴有机会研究中国的语言、历史和现代社会。”

之后，里根转达了一位在美国哈佛大学攻读比较文学博士学位的复旦青年教师叶扬的问候。他说：“我们动身以前，我的工作人员和他谈了话，他要我告诉大家，他的近况很好，目前正在赶写春季学期论文，他很想念大家，他要我给他过去的学生、同事、朋友和家人带个口信，要我替他说‘我想念大家’。他要我告诉大家，他准备回复旦教书。他要我转告谢校长，说他一直记着您对他的友情和鼓励。他说您是一位非常出色的女士、一位出色的教育家。他上学期每门功课都得了‘优’，你们听了一定会感到自豪。我们恭贺他学习成绩优异，他却说‘我自己没什么可骄傲的，但我为我那所大学感到骄傲’。”

积极表达自己，以“谈”制胜

里根总统面对一百多位初次见面的复旦学生，他的开场白就紧紧抓住了彼此之间还算“亲近”的关系。他先表达对中国的了解，又说谢希德校长同他的夫人南希，都是美国史密斯学院的校友，并以此拉近关系：“照此看来，我和各位自然也就都是朋友了！”里根总统短短的两句话就使一百多位黑发黄肤的中国大学生把这位碧眼高鼻的洋总统当作十分亲近的朋友。接下去的交谈气氛自然也就极为融洽了。

里根确实拥有出色的表达天分，他是美国历任总统中唯一一位演员出身的总统。在1984年总统选战与竞争对手沃尔特·蒙代尔的电视辩论中讨论到自己的年纪时，里根如此妙语道："我不会以我的年纪来作为选战的议题。我不会以此作为政治目的，来彰显我对手的年幼和缺乏经验。"

最终里根凭借令人动容的竞选演说、竞选广告和电视辩论节目，有效推销了自己的政治观点，说服了更多选民，击败了竞争对手。

进入一个陌生群体，确实需要我们把彼此之间的关系拉近。这不仅要有表达的技巧，更要包含你的真诚。

20世纪七八十年代，利物浦足球俱乐部创造了一系列辉煌成就。这都要归功于他们的球队经理鲍勃·佩斯利。他在球队任职的9年时间里，利物浦拿下了13个锦标赛，其中包括6个联赛冠军和3个欧洲冠军。可以说，他之前、之后的英国球队经理人的成绩都很难跟他媲美。

但是根据观察，鲍勃只是一个相貌平平、性格内向的人，并且球员都认为他缺乏个人魅力，或其他任何成功领导者具有的特征。

对于这点，《英国卫报》曾给出过很精辟的总结："他缺乏个性，没有个人魅力，但是他努力地去表达自己。"可以说除了利物浦足球俱乐部的辉煌成就，使鲍勃受欢迎的原因就是他的真诚和努力。

实践证明，很多性格内向的人往往存在这样一个不足——实干但是不会表达自我，无法实现有效的沟通。无论是铁娘子撒切尔夫人，或是领导黑人走向解放的马丁·路德·金，每一个曾经红极一时的政坛领袖给我们最深刻的印象无疑是他们激情的演说或积极的表达能力。他们通过有效的表达和沟通，获得了群体内部成员的尊崇，并有效地将群体任务目标传达给成员，付诸行动。

克服“沟通恐惧症”

据调查显示，每十人中就有一人存在“沟通恐惧”。在心理学领域，“沟通恐惧”也叫沟通焦虑，是仅次于抑郁症、酗酒的心理疾病。“沟通恐惧”就像人际交往中的“魔鬼”，阻断了我们正常的信息流通。但是，这种心理并不是与生俱来的，很可能是某一件小事让你产生了心理阴影，导致患上了“沟通恐惧症”。

麦克是汽车公司优秀的销售员。一次，为了完成一笔大客户订单，他特地约请重要客户在高级酒店吃饭。但席间却出现了一点意外。他向客户敬酒时，由于起身太猛，导致身体失去平衡，随着手部的微抖杯中酒也跟着洒出去一些。最后，麦克未能签下这笔订单。当他回想起整个推销过程，麦克觉得一切都还顺利，唯独酒桌上的失误打破了和谐的气氛。

麦克非常懊悔，他越想越觉得销售失败是自己的失误所致。于是暗下决心以后一定对这种状况多加防备，但现实情况却背道而驰。在此后的饭局中，麦克越是想控制越状况频出。最后，原本在饭局中游刃有余的麦克竟然陷入“心理怪圈”，越发害怕出席这样的场合，成为“恐惧饭局”的人。

麦克的表现就是典型的“沟通恐惧”，由于心理作用而被不断激化升级。在现实生活中，沟通恐惧离我们并不遥远。如果一个人习惯性地害怕与陌生人交谈、当众讲话、参加聚会等，甚至只要被别人注视就面红耳赤，那么就有可能是“沟通恐惧”。这种恐惧发展到一定程度，当事人会害怕任何涉及与他人交往的场景，而选择最大限度地避免与人接触，甚至退学、辞职，做全职“宅女”或“宅男”。

解疑答惑

小Q提问：我不喜欢参加社交活动，大学四年的课余时间我基本上就是在打游戏看动漫，现在都不知道怎么跟人打交道。我该怎样做才能改变“宅男”的状态？

作者回答：从你的描述看，其实你是有一点社交恐惧症的，但只要你有信心克服，并走出去多寻找机会与人交流，慢慢建立自己的人际关系网，主动参与到社会中，你就能走出“宅”的状态。

小Q提问：我平时说话很流畅，有一次情绪太激动讲话口吃了点，这让我很丢脸。但是后来我一到了大的正式场合，讲话就不流利了，这也留给别人很差的印象。我该怎么走出这种心理阴影呢？

作者回答：你平时说话很流利，这就证明你并没有生理上的问题，是你的焦虑心理在作怪。你只要建立信心，试试给自己积极的心理暗示，多在大型场合开口说话，相信你很快就能克服这种心理恐惧。

小米的100个梦想赞助商

通往失败的路上，

处处是错失了的机会。

小米的100个梦想赞助商

网上流传着这样一个故事：2012年雷军和周鸿祎在微博上掐架时，大量号称“米粉”的用户站在雷军一边和周鸿祎对骂，激愤程度被很多人认为是小米的“水军”。事后，据知情人透露，这些“米粉”都是真正的普通用户，甚至后来周鸿祎知道这些人不是“水军”时，深感沮丧，一时难以接受。

小米如何能集结如此规模的“米粉”群体，成为业内人士关注的一个“谜”，而对于小米联合创始人黎万强来说，这也许就是一种自然的回应。作为市场负责人，黎万强和其团队承担了大量和“米粉”们直接沟通的工作，从一开始“0成本”推广MIUI，到后来小米手机的推广，所有的营销工作都由公司市场团队内部完成，而其依赖和沟通的主要对象，就是“米粉”群体。

小米打造出如此强悍的粉丝团队也是经历了滴水石穿、积沙成塔的过程。事情回溯到2010年8月，小米公司的MIUI第一版正式内测。由于初生牛犊不为人所知，黎万强只得带领小米的工程师团队在各大与手机相关的论坛中一个一个地筛选、联系和争取，最终找到了100名用户成为MIUI第一版的首批内测体验者。而这也成为小米如今众多粉丝拥趸的“星星之火”。2014年MIUI V6正式发布，最新的MIUI用户量也已出炉：7 000万！

从最开始，小米就有意将粉丝绑定在品牌中。雷军曾表示制造小米手机的初衷是“打造一部人人能参与的手机”。从最初的100个粉丝到现在的数千万粉丝，小米的粉丝数量在增长，但最基本的核心没有改变，即“米粉”是小米产品创新的推动者、评判者，甚至参与者。

小米粉丝对产品的直接参与，以及粉丝和公司决策层的直接对话，虽然看似成为小米收获粉丝的重要因素，但对于公司管理层的挑战不可谓不大，小米手机因为发货而产生信任危机、引发粉丝口水战的时候，黎万强个人就收到了资深“米粉”的直接短信，黎万强一一回复，但这些粉丝也会将黎万强的回复转发到论坛中，成为缓冲小米和“米粉”间冲突的力量。

2013年4月9日，在小米第二届“米粉节”上，雷军播放了微电影《100个梦想赞助商》。小米公司将最初支持小米的100名用户称为“100个梦想赞助商”，是他们给了小米走下去的莫大勇气和动力，陆续地，又有了30万个、719万个，1 000万个梦想赞助商。如果没有这些“赞助商”，小米的梦想不会走这么远。对此，小米公司上下都心怀感恩。电影里，舒赫喜爱赛车，能在赛车场上驰骋是他的梦想，但是他仅仅是一名小小的汽车修理工。在家人和朋友的支持下，经历种种坎坷，舒赫终于实现了梦想——驾着自己的赛车参加比赛。车身上满满的签名是朋友的鼓励，是梦想的赞助，是成功的后援。当小米的粉丝——与小米携手走来的所有“赞助商”看到此幕都情不自禁、热泪盈眶。他们知道，这一路，小米走得不容易。

正如电影里大家对舒赫的帮助和支持，现实里用户对小米也是如此。他们的肯定和热爱让小米团队感动和感激，二者不再仅仅是传统的商家和用户的关系，更是朋友与朋友的关系。

机会是自己创造的

即便强大如雷军和他的创业团队也需要积极地寻找自己的“梦想赞助商”团队，用真诚的心与他们沟通，建立深度连接。刚开始与粉丝进行互动时，一些工程师也曾不解，觉得花半天时间和粉丝闲聊还不如多写几行代码呢！可是，就是在雷军的强制要求下，每个工程师、技术人员每天必须留出足够的时间与粉丝互动，并且作为工作绩效考核内容之一。

互联网时代讲究连接，其本质仍然是社会关系的维护和经营。当你获得他人的爱戴时，你离成功也就不远了。

肯德基连锁店的创办就是山德士上校挨家挨户拜访，不断寻找机会得来的。

“肯德基”连锁店的创办人山德士上校，创业之初，挨家挨户拜访，到每一家饭店门口，兜售炸鸡秘方，要求给老板和店员表演炸鸡。如果他们喜欢，就卖给他们特许权，提供佐料，并教他们炸制方法。

开始时，没有人相信他，有些饭店老板甚至觉得，听这个怪老头胡诌简直是浪费生命。整整两年，山德士被拒绝了1 009次，但他从不为前一家餐馆的拒绝而懊恼，反而用心修正说词，以更有效的方法去说服下一家餐馆。终于在第1 010次，他走进一家饭店时，得到了一句“好吧”的回答。有了第一个人，就会有第二个，在山德士的坚持下，他的想法终于被越来越多的人接受……

其实，山德士上校在潜意识中所奉行的是“能力法则”，即“不懈地拿出行动”。当你做任何事时，要从中总结经验，找出下次能做好的方法。当然，做到这一点，首先要有足够的勇气。当你想进入一个社交群体，而苦于没有出路时，你就需要想尽各种办法，找到各种机会与社交群体里的人建立联系。

经营圈子，需要你的主动出击

原一平在日本寿险业是声名显赫的人物。日本有近百万的寿险从业人员，其中很多人不知道全日本20家寿险公司总经理的姓名，却没有一个人不认识原一平。

有一次，原一平准备去拜访一家企业的老板，尽管他用尽各式各样的方法，都无法见到那位老板。正苦于无计可施的时候，他看到附近杂货店的伙计从老板公馆的另一道门走了出来。

原一平灵机一动，立刻朝那个伙计走去。“你好！前几天，我跟你的老板聊得好开心，今天我有事请教你。请问你老板的衣服都由哪一家洗衣店洗呢？”

“从我们杂货店门前走过去，有一个上坡路段，走过上坡路，左边那一家洗衣店就是了。”对方礼貌地回答道。

“谢谢你。另外，你知道洗衣店几天会来收一次衣服吗？”原一平打破砂锅问到底。

“这个我不太清楚，三四天吧。”

听完这番话，原一平谢过小伙计，直奔那家洗衣店。当他顺利从洗衣店店主口中得到老板西装的布料、颜色、式样等资料时，又马上赶到西装店去定做了一套西装。

西装店的店主问过原一平的定做要求，惊叹道：“先生，你实在太有眼光了，你知道企业名人某某老板吗？他是我们的老主顾，你所要的西装，花色与式样，与他的一模一样。”原一平假装很惊讶，顺水推舟地从西装店店主的口中得知了那位老板穿着的西装、领带、皮鞋，甚至是他的谈吐与喜好。

当原一平穿上那套特意定做的西装，从容地站在那位老板面前时，就如原一平所料，那个老板先是一脸惊讶，紧接着哈哈大笑起来。恍然大悟后的他被原一平的诚意和心思深深感动，自然而然他就成了原一平的客户。

相比原一平对客户的用心，很多人在和别人交往中缺乏主动和真诚，把友情当儿戏，抱着游戏人生的态度，喜欢做表面文章。当别人需要帮助时，往往闻风而逃，这样的人无法结交到真正的朋友。

解疑答惑

小Q提问：我快三十岁了，还没有交到女朋友。我一跟女生说话就紧张、脸红，一般都是别人主动跟我搭讪，可能是由于我太被动了不受人欢迎，我该怎么改变这种状态?

作者回答：从你的描述看，你除了有前面所说的社交恐惧心理之外，还很缺乏主动精神，机会是靠自己主动争取的，怯懦与退缩只能让你和你喜欢的女孩子失之交臂。就算是没有机会你也可以创造偶遇的机会。学会对别人微笑，找到共同的话题，注重自己的外在形象。爱情不只是靠缘分，还要靠你自己把握。

小Q提问： 我是做销售的，平时很热情也很主动地联系客户，但总是被拒绝。今天还有一个客户说我不够真诚。我开始反思了，我们本来就是利益关系，真诚到底有多重要呢?

作者回答： 其实，客户说你不够真诚是因为你在表达时，没有站在对方的立场上想问题。推销产品本来就不容易被人接受，关键是你如何获得对方的信任。社会心理学家经过跟踪调查发现，在人际交往中，自私、冷漠、唯利是图等不健康的心理状态，永远无法让一个人拥有和谐友好和可信赖的人际关系。良好的人际关系必须建立在双方真诚交流的基础上。

赢得信任有捷径

与人打交道就像走路，

这条路走得多了，自然就熟了！

见面长不如常见面

亚历山卓是英国当代最著名的保险推销员之一，是百万圆桌会议有史以来最年轻的顶尖会员。

一天，亚力山卓打电话给一位客户，向他推销一份老年保险。由于客户在一年前对亚力山卓说过“考虑一下，明年再说”，亚力山卓便来询问他的情况。

对方的态度很强硬，拒绝了亚力山卓的要求，并补充了一句：“当时我只是随便说说而已。”

亚力山卓：“老年保险越早投保受益越高，我的建议是，您不用再多考虑了。”

客户：“不用，我现在没有足够的闲钱买保险。”

亚力山卓：“买保险的钱绝不是闲钱，它和您的衣食住行同样重要，而且，老年保险越早投保受益越早。”

客户：“我需要和我的妻子儿女商量一下再做决定。”

亚力山卓：“与亲人商量一下确实是必要的，我想要提醒您的就是，保险是越早投保受益越高的保值产品。”

最后，客户还是被说服了。

交往次数胜于交往的时间长度

不论客户怎样拒绝，亚力山卓在回复的时候总不忘说一句“早投保早受益”，通过这种不断重复的暗示，客户在不知不觉中被说服。因为，每个人都会受自我暗示的影响，当我们不断重复某个暗示，对方也会产生强烈的感应而格外关注这个暗示。

我们常常陷入这样一个误区：谈话时间长，就能尽快与他人熟络起来。就像一个男孩子为了追到女孩子，努力制造了很多偶遇的机会。突然有一天那女孩说：“今天，我们已经偶遇十次了，真是有缘分。”

实际上，与其想尽办法拉长和陌生人的聊天时间，还不如增加两人见面的频率，即所谓的“见面长不如常见面”。因为人们往往对熟悉的东西有偏向、喜爱的心理定式，也就容易对更熟悉的人产生好感，想要将陌生人变成朋友就要运用心理学上的“多看效应”，让对方“多看到”你，熟悉你，进而喜欢你。

在一所大学的女生宿舍楼里，心理学家随机找了几个寝室，发给她们不同口味的饮料，然后要求这几个寝室的女生，可以以品尝饮料为理由，在这些寝室间互相走动，但见面时不得交谈。一段时间后，心理学家评估她们之间的熟悉和喜欢的程度，结果发现：见面的次数越多，互相喜欢的程度越高；见面的次数越少或根本没有，相互喜欢的程度也较低。

可见，若想增强人际吸引力，就要留心提高别人对自己的熟悉度。那么，我们如何达到让别人“多看到”我们的目的呢？很重要的一点就是增加形象曝光率。

增加自己的曝光率

明星们为了赢得更多人气总会想尽办法增加曝光率，曝光率对那些尚未大红大紫的明星来说可谓是命根子。为什么呢？因为高的曝光会产生多看效应，让更多人关注他们、喜欢他们。我们也应该效仿这一套，增加自己在陌生人面前的曝光率。当然，我们不是明星，没有媒体的宣传，只能依靠自己的智慧和技巧。

1.出席所有能出席的重要场合。如果有重要场合邀请你出席，而你恰好有时间，那么一定要参加。在这些场合你不能只是干坐着，或者听别人发表意见，你要在合适的时候微笑着寒暄，与别人多交流。而在适合自己发挥才能的时候，你更要抓住机会表现，让更多的人对你有印象。

2.掌握对方的信息，制造巧遇。当你收集到了对方的信息，你要分析哪些可以为你所用。比如说你知道对方每天上午8：50会出现在电梯里，那你完全可以也在那时出现。见到对方时，你可以微笑示意，顺便寒暄。

3.利用好手机信息和网络。如果你知道对方的手机号码，那么在恰当的时间发一条问候的信息。如果你知道对方的微信、QQ以及邮箱地址，那么每当看到他在线，可以不慌不忙地发去一条问候、点一次赞，而当你发现对对方有用的信息时，你也可以及时传给对方。

4.在合适的时候发出邀约。如果在合适的时间遇到，你可以热情地请对方去喝茶休闲，温和地说服他，如果对方答应，你们就又有下一次见面的机会了，他多半会回请你。

5.信息暗示。在谈话的时候多给对方一些你的信息，举一个例子，你发现对方正在关注金融投资，你又具有丰富的财经知识，你可以适时与他交流这方面的资讯。假如对方把你当成这方面的专家，当他每每想投资，也就不难想到你；一个特别的发型、不常见的服饰品牌等，也都从某个方面透露出关于你的信息，易于让别人记住你、想起你。

6.表现出同样的喜好。具有共同爱好，如运动，同样是令对方记住你的好方法，如此一来，当对方做自己喜爱的事情时，不由自主就会想到你，乐于邀你参加。长此以往，陌生人也很容易成为朋友。

7.有节奏地在朋友圈晒晒自己。微信朋友圈是一个可以让自己有效连接的平台，可以将自己的读书心得、学习或者聚会活动照片，以及各种个性化的经历和生活经验晒出来，展示自己阳光、积极、有内涵的一面。

见面长不如常见面，利用好上述技巧，你就能在人际交往中走在别人的前头。

解疑答惑

小Q提问：我的微信朋友圈中整天是一帮朋友在刷屏卖面膜、化妆品以及鞋服的，看着挺闹心的。可是我又不想得罪这些朋友，我该怎么办？

作者回答：每个人都有自己的生活方式和生存方式，你要理解他们，但不一定要接受他们的这种方式，你可以选择不接收他们的信息就行了。与人相交，不出恶言，这也是君子风度。当你明白这种“扰民行为”后，你更要注意自己在朋友圈所发信息的纯洁性。

小Q提问：我经常出入社交场合，可以说是各种社交场所的常客。就算我与别人见面的次数多，也很少有人注意到我，这是哪里出了问题呢?

作者回答：从你的描述看，你的“曝光值”是挺高的。但是你好像没有掌握好社交的方法，以及社交中需要注意的问题。社交中还需要注意的是“多看生厌”，你要避开这个暗礁。具体来说，首先给人留下好的第一印象，其次选择交集的时机要合适，此外还要控制交往的频率，保持适当的距离。

接受生活中的不完美

要接受生活中的不完美，
从瑕疵中也能有所收获。

生活中的不完美，有时只在一念之间

我有一个朋友，单身半辈子，快五十岁时突然结了婚。新娘跟他的年龄差不多，徐娘半老，风韵犹存，只是知道的朋友都窃窃私语：“那女人以前是个演员，嫁了两任丈夫，都离了，现在不红了，由他捡了个剩货。”

不知道是不是话传到了他耳里。有一天，他跟我出去，一边开车，一边笑道：“我这个人，年轻的时候就盼开奔驰车，没钱，买不起。现在呀，还是买不起，买了辆三手车。”

他开的确实是辆老奔驰。我左右看着说：“三手？看来很好哇！马力也足。”

“是啊！”他大笑了起来，“旧车有什么不好？就好像我太太，前面嫁个四川人，又嫁个上海人，还在演艺圈二十多年，大大小小的场面见多了。现在老了，收了心，没了以前的娇气、浮华气，却做得一手四川菜、上海菜，又懂得布置家。讲句实在话，她真正最完美的时候反而被我遇上了。”

我说：“别人不说，我真看不出她竟然是当年那位艳星。”

“是啊！”他拍着方向盘，“其实想想我自己，我又完美吗？我还不是千疮百孔，有过许多往事、许多荒唐。正因为我们都经历了这些，所以都成熟，都知道让，都知道忍。这不完美？这正是一种完美啊！”

金无足赤，接受不完美的现实

“梅须逊雪三分白，雪却输梅一段香。”在这个世界上，人无完人，万事万物也都不存在绝对的完美。人在心理上都渴望能够得到完美的事物，并在内心设想出一个美好的图景。但是，在现实生活中完美是不存在的。

著名导演冯小刚在女儿冯思语18岁的成人礼上讲了这样一段话：“亲爱的女儿，现在你要开始接触到真正的人生了。生活有时候并不像你想象得那么公平，世界上没有完美的事物，要学着面对一切真实，接受一些不完美。”

原来冯小刚这个已长到18岁的女儿，生下来时是先天兔唇。医生告诉他，按以往惯例，如家长放弃婴儿，医院可以开具证明，以后可以生育二胎。冯小刚不假思索地告诉医生：“我不放弃。”无独有偶，著名影视明星李亚鹏和歌坛巨星王菲，婚后也生了一个先天兔唇的女儿。他们不离不弃，坦然接受了这个不完美。他们还为此成立了“嫣然天使基金”，希望以自己能够做到的事情来帮助更多残疾人。

能够欣赏残缺的美是一种智慧，接受并承认人生的不完美、自己的不完美，也接受别人的小瑕疵，更是一种智慧。

将瑕疵转换成为幸福也要靠智慧。但是，接受社交群体中的“瑕疵”是有前提的。那就是，要先找到一个适合自己的朋友圈，并能够在这个朋友圈里有所收益。然后通过智慧，使这个社交群体里看似不足之处的东西也能为自己所用。

学会利用“瑕疵”

不完美正是一种完美！看得惯残破，也是历练，是豁达，是成熟，更是一种人生的境界！

同样，世界上没有完美无缺、为你量身打造的社交群体。当你选择了一个群体，就要接受这个群体里令你不满意的地方。抱着完美的心态进入一个朋友圈，只能说你很幼稚。不管是名人还是普通人，都是不完美的，都是会犯错的。社交群体里的元老级人物也是如此。

日本著名企业家、管理学大师松下幸之助，一次在办公室对一位员工大发雷霆，因为那位员工的一笔货款没有按时收回。然而，过了不久，松下幸之助发现那笔货款的发放单上竟然有自己的亲笔签名，这件事情自己与那位员工同样因为把关不严而负有责任。

很少有人能够在生活中做到万无一失，无论是多么成功、多么杰出的领导者。通常来讲，完美只是一种假象，过分追求完美的人只会想尽办法掩饰自己的错误，而这或许是又一个更加严重的错误。

相反，如果承认自己的不完美，适时、适度地做出补救措施，就能赢得更多人的心，也能帮你更好地融入朋友圈，并树立你在朋友圈中的地位。

让我们接下来看看松下幸之助是怎样处理自己的失误的。

松下幸之助给那位员工专门打了电话致歉。当天那位员工正好要搬新家，松下听说后亲自登门道贺，并且帮他搬家，忙得满头大汗。

之后，松下给那位员工寄了一张明信片，上面写着："让我们忘掉那可恶的一天吧，去重新迎接新一天的到来。"那位员工看了热泪盈眶，对公司和领导更加忠心耿耿了。

你要向这些元老级人物学习的关键，就是看他们如何处理自己的过失。这是朋友圈中领导者的不足之处，但这也是展现领导者智慧的时候。这正是我们要用心学习的地方。

解疑答惑

小Q提问： 我在新加入的围棋俱乐部里，发现一些老师教导学生总是有所保留，我心里非常不爽，但是又不敢说出来。我在犹豫要不要退出这个社交群?

作者回答： 老师的有所保留是什么用意呢?我建议在你没弄清楚之前不要做出决定。起码你在这个社交群体里是会有所收获的，而且可以交到一些志同道合的朋友。其实你可以换一个角度想，老师这么做是不是要发挥你们的创造力呢?

小Q提问： 我昨天批评我的秘书把我的资料弄丢了，晚上回家发现资料被我落家里了。我心里很过意不去，但是又磨不开面子跟她道歉，到底该怎么办呢?

作者回答： 你的批评对于她来说是十分不公正的。既然你已经知道这件事不是你秘书的失职，作为一个领导，要想服众，就必须办事公道。在心理学上，人都不愿意接受自身的不完美。显然，你对于自己的缺点也不愿意接受。其实，你可以通过巧妙的方式跟秘书道歉，比如发封邮件之类的，但一定要有诚意。这样也有利于你们以后工作的开展。

第四章 有效利用优质资源

优质的社交资源就好比一座金矿，如果你不懂得有效利用和挖掘，那么，它就是一片废墟。找到正确的方法，让身边的人与自己完美合作，彼此共赢，才是真正的成功之道。

好搭档可遇不可求

进入一个社交群，

不仅仅是找到另一种生活方式，

更是找到合适的搭档！

好搭档，才能助你一臂之力！

一位提问刁钻鬼马的知名主持人，一个游刃于镜头闪光灯前的时尚达人。一手卖电视节目，一手做电子商务，这个倔强、冒险、充满文艺气质的杰出女性在风险资本的助力下，以节目内容为支撑拓展电子商务，实现了从主持人到CEO的完美转型，成功打造了一个商业版图。这个人就是《非常静距离》的主持人李静。

李静说她的成功除了自己的努力，在很大程度上源于她遇到了合适的搭档。

“他从来不逼我承诺结果，只是点燃我的激情，鼓励我跟着感觉走。”在李静看来，合作伙伴沈南鹏并没有传说中那么精于算计。他帮助李静将先前的构想一步步细化。

首先成立了东方风行商贸有限公司，与之前的东方风行传媒公司独立运作核算；再建设乐蜂网，将其作为商品贸易的载体。沈南鹏知道李静不懂电子商务，于是挖来了百思买的运营总监负责乐蜂网的管理和运作。谈判时，沈南鹏看出李静虽然做企业多年，但对毛利率等财务数据全无概念，便推荐了合适的财务总监。后来，沈南鹏还给“从商不言商”的李静开辟了一个新通道，让她对商业有了更深层次的了解。

2009年年初，李静在犹豫和不安中被沈南鹏推去参加了亚布力中国企业家论坛。此次只身前往如此重大的活动，参加论坛的又大都是男性，李静不免有点发怵。到那以后，她不得不强迫自己忘记主持人身份，就当是一次聚会。很快，她发现他们谈论的东西并没有事先想象中的那么难懂。她和冯仑聊天，和投资商探讨，甚至向经济学家请教。她还壮着胆子上台演讲，题目是关于服务外包。她从女人购物体验的角度谈物流的发展空间，让一群男人叫好。她依然不是个地道的生意人，但是她了解女人、研究人性。

从亚布力回来以后，李静感觉很好，她感受到了自己的变化。沈南鹏对她此行的评价是：“恭喜你，你过了很多关！”

好搭档为你打开事业的大门

斯坦福研究中心做了长期的跟踪调查，他们发现一个成功的人所赚的钱，12.5%来自知识，87.5%来自关系。人脉即钱脉，这就是商业社会的真相。

我们不可以改变世界，但可以改变自己。从现在开始，我们需要主动经营自己的社会关系，主动与别人交往。这其中最关键的是，在这些社交关系中找到最合适的搭档。就像周杰伦曾说的：“没有方文山，我的歌不会这么成功。”

喜欢周杰伦的歌迷都了解这位大名鼎鼎的词作者——方文山他写的《爱在西元前》《发如雪》《菊花台》《青花瓷》等歌词充满了古典情愫，带我们进入了一个华美的音乐殿堂。

方文山在成功之前经历了种种不如意，工作了七八年，推销过防盗器材，帮别人送过外卖……为了实现自己的理想，他把自己的作品分别寄到各个唱片公司和音乐人手中，每次都要寄出上百份这样的“求职信”。

在一次将装订成册的一百多首歌词邮寄到各大唱片公司后，他面临的照样是漫长的等待。拿方文山自己的话说是：“猜测、焦虑、心急、否定、绝望……”

最终，他赢得了机遇。当接到娱乐圈大哥级人物吴宗宪亲自打来的电话时，他不敢相信自己的耳朵。“那天是1997年7月7日凌晨一点半（没有左右）。”他回忆说。

方文山遇到一个能够演绎他的词作的人，周杰伦的曲子也因为方文山的歌词锦上添花。这就是最合适的搭档。最终，他们都获得了展示自己才华的舞台，实现了自己的梦想。

多多关心对方的感受

马克思和恩格斯之间的友谊是友谊教程里的光辉典范，他们之间许多感人至深的故事让我们为之感动，但他们之间也有鲜为人知的“冷战”。只是与很多人不同的是，冷战过后，他们之间的友谊不是受到了伤害，而是加深了。

恩格斯的妻子玛丽突然离世。痛失爱妻的恩格斯以十分悲痛的心情将这件事写信告诉给挚友马克思。谁知，生活的困境折磨着马克思，使他忘却了对朋友不幸的关心。马克思给恩格斯的回信中除了一句平淡的安慰话，再也没有其他，反而诉说了一大堆自己的困境。当信发出后，马克思像往常一样等待着恩格斯的回信。因为他们之间的通信频率是每一两天一次。

然而，五天之后，马克思才收到恩格斯的来信，信中毫不掩饰地说："我的不幸和你冷冰冰的态度，使我完全不可能早些给你回信。"

看着恩格斯的回信，马克思感觉到他们之间面临着一场严峻的考验。为什么恩格斯的态度发生了如此大的转变？马克思的内心也起了很大的波澜。这时候他才意识到，自己太过投入而忽视了对方的感受。

事后，马克思并没有为自己辩护，而是做了认真的自我批评。平静下来以后，马克思终于意识到是自己的粗心和疏忽让处于悲痛之中的恩格斯伤了心，他连忙写信给恩格斯道歉。这封言辞恳切的道歉信终于救赎了这段伟大的友谊。几天后，恩格斯回信表示谅解并随信寄去了帮助马克思度过困境的100英镑期票。

一个合作关系的建立，一段友谊的维持，需要双方互相努力，多站在对方的角度思考问题。光有好的朋友圈是不够的，只有找到和维护好自己的搭档才能让你的事业如鱼得水，更上一层楼。

解疑答惑

小Q提问：出于对音乐的爱好，我和朋友组建了一个乐队，我比较喜欢爵士，他比较喜欢摇滚。在创作的时候，我们常常因观点不一致而争吵，灵感都快被磨没了。我们到底要不要解散乐队？

作者回答：其实合作中的观点不一致是正常的，但是你们是风格不同，经常出现分歧，还消磨灵感。这时，你就要考虑你们是否适合合作。你可以找朋友认真谈一谈。毕竟，合适的搭档才能够互相扶持，走得更长远。

小Q提问：我和我的闺蜜兼好搭档在同一个公司的不同部门上班。她最近的广告策划遇到了难题，我由于太投入前期的外联业务没能帮她。最近我们的关系非常紧张，我到底该怎么办呢？

作者回答：你的搭档遇到了困难，自然需要你的帮助。既然是你忽视了你搭档的感受，你还是尽快表示道歉，关心一下她的现状吧。相信她会原谅你的。在以后的合作中，你也要注意多关心周围的伙伴。

练好“说服力”，成为自营销高手

有时成功的关键，

就靠你的三寸不烂之舌！

世界推销大师的巧言妙语

推销大师乔·吉拉德也是全球最受欢迎的演讲大师，曾为众多世界500强企业精英传授他的宝贵经验，来自世界各地数以百万的人被他的演讲所感动，被他的事迹所激励。

35岁以前，乔·吉拉德是个全盘的失败者。他患有相当严重的口吃，换过40个工作仍一事无成，甚至曾经当过小偷、开过赌场。然而，谁能想象得到，这样一个谁都不看好，而且是背了一身债务几乎走投无路的人，竟被吉尼斯世界纪录称为“世界上最伟大的推销员”。

很多人不禁要问，他是怎样做到的呢？

“有人问我，怎么能卖出这么多汽车？有人会说这是秘密。我最讨厌的就是有人装模作样说什么秘密，这世上没有秘密。我是用我的方式成功的。”乔·吉拉德说。

在全世界，人们都问乔·吉拉德同样一个问题：你是怎样卖出东西的？生意的机会遍布每一个细节。多年前他就养成一个习惯：只要碰到人，左手马上就会到口袋里去拿名片。

“给你个选择：你可以留着这张名片，也可以扔掉它。如果留下，你知道我是干什么的、卖什么的，必要时可以与我联系。”所以，乔·吉拉德认为，推销的要点就是：并非推销产品，而是推销自己。

“如果你给别人名片时想，‘这是很愚蠢很尴尬的事’，那怎么能给出去呢？”

他到处发名片，到处留下他的味道、他的痕迹。每次付账时，他都不会忘记在账单里放上两张名片。去餐厅吃饭，他给的小费每次都比别人多，同时放上两张名片。出于好奇，人家要看看这个人是做什么的。人们在谈论他，想认识他，根据名片来买他的东西，经年累月，生意便源源不断。

他甚至不放过用看体育比赛的机会来推广自己。他买最好的座位，拿了1万张名片。而他的绝妙之处就在于，在人们欢呼的时候把名片扔出去。于是大家注意了乔·吉拉德——已经没有人注意那个体育明星了。

在全世界，到处有人问乔·吉拉德卖什么。他说，是全世界最好的产品——独一无二的乔·吉拉德。

“当你笑时，整个世界都在笑。”

在15年中，乔·吉拉德共销售了13 001辆（每次只卖一辆）汽车。这项纪录被《吉尼斯世界纪录大全》收录，而乔·吉拉德也被誉为“世界上最伟大的推销员”。乔·吉拉德49岁时便退休了。那时他连续12年荣登吉尼斯世界纪录大全世界销售第一的宝座，他所保持的世界汽车销售纪录——连续12年平均每天销售6辆车，至今无人突破。

乔·吉拉德的成功在于他努力将自己推销出去，被他人所知，并被人所接受。那么，努力推销自己的关键是什么呢？乔·吉拉德说：是面部表情。要推销出自己，面部表情很重要：它可以拒人千里，也可以使陌生人立即成为朋友。

“笑可以增加你的面值。当你笑时，整个世界都在笑。”

乔·吉拉德这样解释他富有感染力并为他带来财富的笑容：皱眉需要9块肌肉，而微笑，不仅用嘴、用眼睛，还要用手臂、用整个身体。

成功的起点是热爱自己的职业。正如他所说：“就算你是挖地沟的，如果你喜欢，关别人什么事？”他的微笑是用心的微笑，出于对事业的热爱和自信。

乔·吉拉德也经常被人问起职业。听到答案后对方不屑一顾：你是卖汽车的？但乔·吉拉德并不理会：我就是一个销售员，我热爱我的工作。而巧言妙语，也正是出于他对工作的热爱和对生活的乐观。

言语巧妙，消除对方的言语戒备

以色列前总理拉宾是和平的守卫者，但他很少接受采访，不喜欢和新闻界打交道。然而，著名的主持人和记者水均益在采访拉宾时却采用攻心策略，巧妙地打开了他的话匣子。

采访拉宾时，水均益首先就说道：“总理先生，一千多年前，一些犹太商人和拉比（犹太教士）带着商品和在羊皮上写成的圣经卷宗来到了中国的黄河岸边。从那时起，犹太人民和中华民族有了第一次良好的交往。今天，您作为第一位犹太国家的领导人又一次来到中国，您给我们带来了什么？”

水均益这番话，既表明自己熟谙两国人民的历史，从而使对方不敢小觑自己，又点出两国人民的友谊源远流长；同时，他还显露了自己对拉宾总理的信任与热切期待，期待他的到来会揭开中犹两个民族友好交往的新篇章。

无疑，这是拉宾最喜欢的话题。就这个问题，他真诚而愉快地谈了七分钟。对向来不苟言笑的拉宾而言，这是破天荒的。

水均益运用巧妙的语言，从拉宾的愿望、志趣、信仰、理想等方面入手，寻找与拉宾共同的话题，投其所好，大大缩短了双方的心理距离，引起二者的心理共鸣。

要突破核心人物的心理防线，就要在交流的过程中巧妙施展语言技巧，找到共同话题，引导对方进入自己设定的交流情境当中，争取主动。

解疑答惑

小Q提问：我的性格很开朗，也喜欢和人交流，但是，大大咧咧不怎么会说话。经常祸从口出，得罪别人，我该怎么办?

作者回答：首先你性格开朗，喜欢与人沟通，这是你的优势。但是优势要转化为优点还要靠说话的技巧和你的智慧。讲话的时候，要注意场合与时机，多顾及对方的感受，三思而后“说”。

小Q提问：我是一名小学老师，但是，我是毕业于名牌大学的。我觉得让我教小学生实在有点屈才，但我不想扔掉这个“铁饭碗”。我工作得不开心，也没和周围的老师处好关系，我到底该怎么办呢?

作者回答：可以看出来，你并不喜欢当前这份工作，但是又舍不得放弃。这个矛盾影响到了你和你周围人的关系。其实如果你有更喜欢的职业不妨放弃这份自己不喜欢的工作。因为你的热爱和用心才能助你成功，与其把时间浪费在自己不喜欢的事情上，不如去做自己喜欢的事情。当你有一个好的心情时，你周围的人和周围的世界也就会变得美好起来。

真诚，懂礼节，是千金不换的优秀品质

懂礼节，有真心，

建立朋友关系的主动权才能由你掌控！

种下什么，就会收获什么

弗莱明是苏格兰的一个穷苦农民，一天他救起了一个掉到深水沟的孩子。第二天，一位气质高雅的绅士来到他家，绅士说："我是你昨天救起的孩子的父亲，今天特地向你表示感谢。"弗莱明说："我不能因为救起你的孩子就接受报酬。"刚好弗莱明的儿子从外面回来，于是绅士问道："他是你的儿子吗？"弗莱明非常自豪地说："是。"绅士说："我们定一个协议吧，我带走你的儿子，并让他接受最好的教育。假如这个孩子能像你一样真诚，那他将来一定会成为让你自豪的人。"弗莱明答应了这个协议。

数年之后，弗莱明的儿子学医毕业并发明了抗菌药物盘尼西林，成为闻名天下的弗莱明·亚历山大爵士；更为重要的是，他发明的药，救了绅士身患肺炎的儿子——第二次世界大战时期英国著名的首相丘吉尔。

礼节，源于真诚

本杰明·富兰克林曾说："一个人种下什么，就会收获什么。"

同样，如果你想说服你的沟通对象，但你的表情显示的却是狡猾、不怀好意，那人们无论如何也不会相信你所说的话。因此，真诚并不是写在脸上的，只有那些发自内心的真实才可以打动别人。弗莱明的真诚便是如此，更为重要的是，他的儿子也同样如此，这无疑是真诚的传递。

真诚不等于天真，不等于口无遮拦。不顾别人是否接受，也不顾及别人的感受，看到什么说什么，不但不真诚，还是不成熟、不懂事的表现。

礼节尤其体现在送礼的时候，但是，有些礼物会让人反感，并且无法接受。尤其是当礼物比较贵重时，对方会不愿意接受。并且，会对你产生反感和戒心。那么，什么样的方式才会既让人接受，又能感受到你的诚意并记住你呢?

其实，还是有巧妙方法的，那就是增加礼物之间的关联性。

比如，你第一次送的礼物是茶具，那么下一次你可以选择与此相关的礼物，例如茶叶。再之后送礼物时，你可以围绕茶的主题，送一些精致的茶点，或者邀请对方去茶馆品茶，等等。

这样一来，你的礼物就有了特色，也表现出了你的用心和你的真诚。当对方喝茶时，就会想起你，并且会觉得你想得很周到、很用心。

这就是我们常说的“送礼送到心坎上了”，同时，也淡化了你与对方之间的利益关系。当对方感受到你的真诚时，你们的关系就更进一步了，这也是你建立广泛朋友关系的一条捷径。

送礼送心换感情

都说致富的方法是“开源节流”，从建立广泛朋友关系的实际来看，我们采取“开源法”似乎更合适。

赖淑惠是中国台北的女作家，也是身心灵成长协会的创办者。赖淑惠自小家贫，她深刻体会过贫穷的痛苦，更珍惜每个创造财富的机会。赖淑惠十分聪明，通过周围的小人物她就能巧妙地使自己致富。那么，她是如何“结交小人物”的呢？

赖淑惠有一段时间住在一栋大厦里，兼职这栋大厦的房产中介。她经过一番观察后发现，凡是对大厦感兴趣的买家，都会先询问大门管理员：“最近有没有住户买房子啊，价钱多少呢？”后来人们都看到了有趣的一幕。每次管理员的回答都是：“你去问住在八楼的赖小姐，她很喜欢买卖房子，这样就不必再找其他中介商了。”这栋楼里要是有谁急用钱要卖房子，她也总是最先知道。

为什么管理员会愿意帮助赖淑惠呢？

原因很简单，就是她将管理员当作家人一样关心。赖淑惠每次出门的时候都会跟当日执勤的管理员打招呼，出差回来也会顺道带点特产略表心意。

获得人心要从平时的点点滴滴做起，这样才能让对方感受到你的真诚。平时与对方交好，他人身处危难中你伸出援助之手，不仅能帮你建立良好的社交关系，也能在自己深处危难之时获得支持。就好比种下一颗种子，不久便会开花结果。只是，这颗种子需要你用真心去灌溉。

解疑答惑

小Q提问：我表弟是个十分清高的年轻人，对送礼之类的事情十分反感，但是，我觉得有时候这是最基本的礼节。我该怎么劝劝他?

作者回答：你表弟对于送礼有很大的偏见。你可以告诉他，送礼不等于巴结别人，有时候送礼是一种礼节，是一种表达情感的方式。只是这种方式要看你出于何种目的，通过什么样的方式。

小Q提问：我刚来公司，想有一个好的前程，也想给领导留下好印象。于是我给领导的太太送了条金项链。后来领导把东西退回来，并且不是很高兴。我到底该怎么办呢?

作者回答：你想处理好与领导的关系，但是，你的方法不是很合适。你的方式比较极端，而且送礼物的话，金项链算是比较贵重的，你刚到公司，和对方交情不深，贵在真诚，没有必要送礼物。其实你只要认真完成工作，平时多关心一下周围的人就可以了。

虚心求教，是尊重别人更是成就自我

与巨人同行，

会缩短你的奋斗历程。

抓住能带你飞翔的人的翅膀

在雅芳公司百年历史上，出现了第一位华裔女性CEO，她就是钟彬娴。她曾多次入选美国商界前50名最具影响力的女性。而谈到成功的秘诀时，她的答案却非常简单明了：热爱自己的工作和家庭，无论什么时候都牢记中国文化中谦虚的美德。

正是这些朴素、极具中国传统女性美德的品质，使钟彬娴在美国商界光彩夺目。通用电气公司前任CEO杰克·韦尔奇这么评价钟彬娴："她确实是光芒四射，我想雅芳已经找到了一位杰出的执行总裁。"

身为华裔的钟女士继承了中华民族谦逊的品格。她认为她需要一个全新的思维模式。曾经有一位同是担任首席执行官的同行给了她一个建议："把自己当作被解雇后重新聘用的人员。"钟女士问自己："作为企业的领导者，我是否已经做到足够谦逊，是否打破了过去五年陈旧的思维模式？"她认为自身的革新与企业的革新同样重要，雅芳需要进行发展战略的变革。

在布鲁明岱公司，钟彬娴遇到了公司首位女副总裁万斯。万斯非常自信，聪明机智，讲话条理清晰，非常有逻辑性，并且有强烈的进取心，是成功女经理人的楷模。虽然钟彬娴认为自己意志坚强，但还是觉得自己更多地保留了亚洲人的顺从心理。她因此意识到，如果自己想在商界有一番成就，就要摆脱这种心理，树立起自己的独特形象。于是她像对待老朋友一样对待万斯，并很快取得其信任，使万斯心甘情愿地充当她的职业领路人。

钟彬娴说："有些人只等着机会来临，但我不这样。我建议人们要抓住能带你飞翔的人的翅膀。"在万斯的帮助下，钟彬娴在布鲁明岱升迁很快。到了20世纪80年代中期，她已成为销售规划经理、内衣部副总裁。

在实际工作中，钟彬娴把女性特有的细致与关怀以及传统文化的温良恭谦渗透到雅芳的企业文化里，可以说正是她的这种"女人味"成就了雅芳的独特成功。钟彬娴说："同情心和谦卑是相通的。许多人在得知这是雅芳的价值观之一时感到很惊讶。我们没有人能回答所有问题。我们必须相互倾听，因为倾听让我们更强大。"

为了更好地倾听，雅芳现在每年四次把员工从世界各地集合到纽约，以便听取他们对改进业务的建议。她说："我在雅芳任CEO的四年里，不得不做出一些很难做出的决定和通知，例如取消某个职位，这是工作残忍的一面。但我相信在这些决定中我们表现出了同情心和公平性，以及对人的尊严的尊重。尽管面临着环境的压力和要求，但那些希望成为明天的企业领导者的人有这个责任承担起这份同情心和维护人的精神。"

成功者都是超级模仿秀

虚心求教，就是放低自己的姿态，诚心诚意地请教别人，向别人学习他们身上的长处。我们对钟彬娴的欣赏不仅仅是因为她在事业上是一个成功的女人，更重要的是，她一直让自己保持谦虚的态度，一直在反思自己做得够不够好。

模仿能够使人快速成功。模仿是要节省投资者在自己还处于投资运作不太熟悉阶段所走的弯路、耗费的时间和向市场交纳的学费。这些投资失败的学费都是不可控制和预算的，但是对向成功者、投资大师学习的费用是可以控制的。成功不只要看是否达到了获利的目标，还要看达到的时间长短。

"股神"巴菲特在他还没有确定自己的投资风格和交易体系时，他的投资经历和所有没有成功的投资者一样。真实的巴菲特做着同样的技术分析、打听内幕消息，整天泡在费城交易所看走势图表和找小道消息，他不是一开始就会购买翻10多倍的可口可乐股票。但是如果巴菲特一直只靠技术分析、打听内幕消息，或许现在还只是一名小散户或者已经破产了。

幸好巴菲特没有停下学习的脚步，他申请到跟随价值投资大师格雷厄姆学习的机会，1957年又亲自向知名投资专家费雪求教。在好友芒格的协助下，他融合格雷厄姆和费雪两者投资体系的特长，开始形成了自己的"价值投资"的投资体系，在实战中不断地摸索，成为一代投资大师和世界首富。

学习高手成功的精髓

比尔·盖茨给年轻人提出过两个忠告。第一个忠告是，世界充满不公平，你不要想着去改造它，而是要去适应它。第二个忠告：世界不会在意你的自尊，人们看到的只是你的成就；在你没有取得成就之前，切勿过分强调自己的尊严，因为尊严来自实力。

从进入手机行业开始，雷军就不断被人们与乔布斯联系在了一起，并且陷入了模仿乔布斯的旋涡之中再也没有走出来。在小米手机发布会上，着黑色T恤、牛仔裤的雷军被认为是模仿乔布斯的着装风格。新闻发布会上，更是有热心的“米粉”喊他是“雷布斯”。然而雷军只是雷军。

很多人说雷军在模仿乔布斯，小米在模仿苹果，事实上他们之间却有着明显的区别。乔布斯将苹果的应用做到了极致，雷军则更多的是引领手机硬件潮流，将手机变成发烧友们的钟爱。雷军希望自己能够从某一个方面形成突破，超越曾经树立在所有手机人前面的那座高山，然后向他致敬。

雷军之所以如此推崇乔布斯，缘于少年时的情结。在武汉大学时，未满18岁的雷军踌躇满志、如饥似渴地吸收着一切知识。也就是在这一年，一本书让雷军找准了梦想，他回忆说：“王川给了我一本书。两块一一本的《硅谷之火》。从此，乔布斯给了我一个与众不同的梦想。我要追求的东西就是一个世界级的梦想。”《硅谷之火》讲述的是乔布斯、比尔·盖茨等人在硅谷发起的一场技术革命，带来整个电脑技术的变革。那些跌宕起伏的历史岁月，激动人心的创业故事，无一不成为一粒火种，彻底点燃了雷军的梦想，他希望自己有朝一日也能像“乔帮主”那样创办一家世界一流的企业。

解疑答惑

小Q提问：我同桌是全年级第一名，也是学校的交际明星。我也想像他一样受人欢迎，于是很多生活规律都按他的改了。可是，情况却没什么变化，我还是那么平庸，我该怎么办呢？

作者回答：想向你身边优秀的人学习是非常好的想法，可问题是向别人学习不等于照搬照抄。你只是学习了你同桌的生活习惯，而没有看到他的成绩会好、会受人欢迎的根本原因。是不是他学习方法更得当、做人更真诚、性格更开朗呢？要让自己变得更优秀的前提是找到对方的优点，而不是盲目学习。

小Q提问：一个朋友自命不凡，拉到过几笔大的订单就趾高气扬、目中无人，现在他业绩平平，大家也都说风凉话。我该怎么劝劝他呢？

作者回答：其实你知道他的毛病就是做人不够谦虚，对人不够和善，这点让周围的人不愿意同情他甚至是落井下石。你可以委婉地告诉他，为人要谦虚才能有好人缘的道理。

实现共赢，是长久合作的基本规则

用双赢思维整合和共享资源，
是无数财富人士的成功秘诀。

图拉德经营的一桩无本生意

图拉德了解到畜牧业发达的阿根廷每年生产的牛肉过剩，但是石油资源却紧缺。于是他找到阿根廷的进出口公司，答应可以购买2 000万美元的牛肉，但作为交换，阿根廷也必须向图拉德购买2 000万美元的石油。这明显是一桩赚钱的生意，这家进出口公司毫不犹豫地就和图拉德签订了协议。

随后，图拉德来到了以牛肉为主要消费品的西班牙。他找到了这里的一家造船厂，表示愿意订购2 000万美元的超级油轮。西班牙的造船业同样存在着生产过剩的窘境，听到这样一笔买卖上门，自然是乐不可支，也很爽快地答应了图拉德的附加条件：向图拉德购买2 000万美元的阿根廷牛肉。

拿到合同后，图拉德又找到了石油主产地中东地区的一家石油公司，准备购买2 000万美元的石油，前提条件是要这家公司运石油时要包租图拉德从西班牙购进的油轮。中东石油资源丰富，但是缺少石油运输工具，所以石油的运输费是很高的。图拉德的油轮刚好方便了石油公司的产品出口，所以双方很快就签订了合作意向书。就这样，图拉德不仅获得了价值2 000万美元的油轮，每年还可以从空手套来的油轮上获得一大笔运输费。

互利互惠才是最佳法则

图拉德之所以能够成功，是因为他满足了人们对利益互惠的需求。人际交往中，要想让人们让渡出自己的利益，就要先让他们获得一些利益，这就是利益互惠原理。

我们都有这样的经验，在社会交往中，有时候仅靠自己的力量总是难以达成目标、实现梦想，那么我们不妨大胆地迈出互利合作的步伐求得共赢。

想达到互利共赢，我们必须从锤炼自己的品德着手，求得共赢应该具有多种优秀品德，以下三项尤为重要。

1.诚恳正直。一个人如果不诚恳，他就无法真诚对待别人，也就没办法真正考虑对方的利益，以利他求得互利共赢。同时，只有一个诚恳正直的人才能真诚大方地为别人付出，以互利求得自己和对方共同发展。

2.宽容体恤。一个在人际交往中斤斤计较，随时权衡利弊的人，很难求得真正共赢的局面。因为他只关注一己私利，而无法真正以宽容体恤的心态为别人考虑问题。只有以宽容的心态为别人谋实惠，以体恤的心情体谅别人的难处，双方才可能形成良好的交流情境，以合作求发展。

3.知足常乐。观察身边的社交高手，我们会发现他们都有知足常乐的心态。他们会享受自己取得的成绩，而不会贪得无厌。一个能和别人合作共赢的人，必是一个具有分享精神的人，而不是一个永不满足的人。因此，知足常乐也是我们求得互利共赢必须具有的重要品德之一。

为了利益，求同存异

在交往中，我们和对方之间总会存在程度不同的差异，我们该如何以平和心态求得互利共赢的局面呢？

2010年，“云锋基金论坛暨苏商投资年会”在江苏南京举行，马云参加了会议并发表演讲。讨论到企业竞争时，马云认为，商战中一定要争得鱼死网破是愚蠢的，真正睿智的企业家会依靠对手的力量发展自己。

他说：“企业现在最多的是竞争，包括在我们这儿也有很多抱怨，阿里巴巴、淘宝建了两个市场，很多人杀价，天天杀价，我出5 000万，他出4 000万，这是最愚蠢的商战。我教一个傻子也会干，这不是企业家。比价算什么英雄？竞争最高的境界是什么？竞争是一种乐趣，让对手很痛苦，你很快乐。如果你痛苦他开心，你肯定走错了。竞争的乐趣就像下棋一样，你输了，我们再来过，两个棋手不能打架。真正做企业是没有仇人的，心中无敌，天下无敌。你眼里全是敌人，外面就全是敌人。你竞争的时候不要带仇恨，带仇恨一定失败。”

马云畅言，在竞争对手之间都应该抱持合作共赢的心态经营市场。这一道理在人际交往中更是如此。

任何时候，我们都不应当纠结于双方的差异，不要把自己的意志强加于别人。我们要在承认双方差异的情况下，找到双方的契合点，以促成互利共赢局面。求同存异是一剂百试百灵的社交良药，是我们必须掌握的社交技巧。

在求同存异思想指导下达成共赢局面，可以帮助我们建立积极正面的人际关系。因为共赢是一种双方都得到满足的完美交际状态，随着这种交际关系的发展，双方的关系会进一步拉近。利他意识获取双方的信任和诚意，分享精神是双方关系促进的催化剂，而共赢局面让双方都可以品尝到成功的甜头。在这一步步积极正面的交往中，一种正面的人脉关系网络会逐步建立并完善。

解疑答惑

小Q提问：朋友开了一家酒吧，要我去帮忙驻唱，一天也就唱一首歌，离我住的地方也近。刚开始我不好意思收钱，后来心里就不平衡了，不想再帮忙了。我该怎么办呢?

作者回答：你本来是想帮忙，但是，当你的付出在对方看来是理所当然的之后，你就会产生不快，因为，你没有从中获利，还搭上了你的时间。这样下去你们的关系就会破裂。其实，人与人之间建立互利互惠关系是最好的。不管是交朋友还是找工作。你有两个办法：一是不再帮忙；二是索取报酬。只要你跟朋友心平气和地说，相信他会理解。

小Q提问：我和室友想合买一台冰箱，价格、质量、品牌都已经挑好了。但是我想要白色的，他想要银灰色的。我们为这事争执不下，闹得挺不愉快，到现在都没买。我该怎么办呢，退让一步吗?

作者回答：其实，你也知道没有必要因为这样的小事和室友闹矛盾。有一句话叫：退一步海阔天空。只要大的目的达到了，又何必拘泥于小节。要想跟你周围的人和睦相处，求同存异是非常重要的，有时候我们不得不做出妥协。无论什么时候，和什么人交往，求同存异都是你必须具备的社交方法。

与人交往，保持相互间的平衡关系

人与人之间，

时刻在进行跷跷板游戏，

保持它的平衡，胜利永远是属于双方的。

“以退为进”的上上策

有一年，卡内基结识了一位名叫佛里克的青年。此人经营煤炭企业，号称“焦炭大王”。卡内基的钢铁公司需要煤炭，而且他对佛里克的胆识与才干非常赏识，如果跟佛里克合作的话，对他的事业无疑是有好处的。

卡内基知道佛里克为人十分自负，如果不把他的面子照顾得很周到，即使他明知对自己有利，也是不会合作的。于是卡内基将佛里克请到自己家里，热情接待。其实，卡耐基已年过五十，比佛里克差不多大一倍。他的财富也比佛里克多无数倍，但是他仍然在佛里克面前保持着礼貌和谦逊。

尽管佛里克是个骄傲自负的人，也不禁对卡内基产生了好感。这时，卡内基才提出合作成立一家煤炭公司的建议。卡内基还大度地表示，新公司的总价值是200万美元，佛里克的焦炭公司约值32.5万美元，其余160多万美元都由他支付，股份双方各占一半。

只出四分之一多一点的资金，却能分到一半股份，这是打着灯笼都难找的好事，但佛里克却还在犹豫。如果公司以卡耐基的名义运作的话，佛里克是不乐意的，因为他是一个“宁为鸡头，不为牛后”的人。

卡内基看出了佛里克的心事，补充道：“新公司的名称是‘佛里克焦炭公司’。”

佛里克再无疑问，当即爽快地同意了。此后，佛里克成为卡内基的合作者，日后又成为卡内基钢铁公司的高层领导之一。

保持与对方的平衡关系

卡内基的智慧就在于，他懂得退让的道理。卡内基正是通过自己的让步，取得了佛里克的信任，才使事业越做越大。在这个平衡的维持过程中，双方都要有所牺牲，这也是为了达到共同的目的所必须付出的代价。

找到人与人之间的平衡关系，这就是跷跷板定律的关键，但这并不容易。人与人之间的平衡包括观念上的平衡、行动上的平衡等。我们不仅要找到观念上的平衡，有时候还要做出一定的让步。

2014年6月5日，阿里巴巴集团斥资12亿元人民币购买恒大足球俱乐部50%的股份，拉开了恒大与阿里巴巴战略合作的帷幕。恒大集团与阿里巴巴各占一半股权，这也意味着恒大俱乐部的总值达24亿元人民币，折合约3.84亿美元，位列全球第16位，远超马竞、罗马等其他欧洲劲旅。

对于阿里巴巴入股恒大足球，业内人士称其为“强强联手”。

许家印曾多次表示，企业要走向辉煌，并长期立于不败之地，要靠很多实力非常强大的战略合作伙伴。强强联手就是无敌的。这次与阿里巴巴的“牵手”，同样也显示了许家印长远的战略眼光。他将阿里巴巴称作“世界上最大的、最强的、管理最好的、前景最好的互联网老大”。

对于恒大和阿里巴巴的合作，很多人还是心存疑虑的。这缘于马云多次坦言自己并不懂球，也不热爱足球。同样不懂球的许家印为何要拉一个外行人入伙？两个外行人领导球队，会不会出现一些争执呢？

其实外界大可不必担心，马云和许家印对双方之间的合作保持了良好的平衡关系，这从各占50%股份即可看出。而对于球队的经营，许家印和马云给予了彼此充分的尊重，双方均表示不进球员的更衣室，不插手俱乐部事务，一切由教练里皮说了算。这样的球队管理模式在中国足球职业化尚未成熟的大环境下是前所未有的，也让中国球迷心中充满了期待。

正如马云所说：“外行人领导其实是很有道理的，我自己不学计算机，不懂电脑，但是做互联网和电子商务，我从来不知道自己可以做零售……阿里巴巴集团的CEO陆总是广州人，陆兆禧在北京的时候，我说要做支付宝，他说是金融的东西，他说从来没有做过银行，我说对了，你要是银行的人，我就不要了……外行可以领导内行的，关键是尊重内行。”

许家印和马云都能看到对方的需求，且能保持相互间的支持和理解，这种和谐的合作状态才能使马云掏出了12亿元的支票。其实，在入股恒大之前，马云和浙江绿城俱乐部已经“眉来眼去”一段时间了，最终马云却选择了恒大。有网友戏言，绿城老总希望马云扔一堆钱，然后也不给人家话语权，马云当然不干。

人类普遍有一种平衡需要。一旦有了不平衡，人们就会产生紧张心理，从而促使自己做出转向和谐的行动。人们喜欢完美的平衡关系，这就像两个人玩跷跷板，两个人总在相互作用中，实现一种动态的平衡。平衡是人际交往的准则，没有这一准则，你的人际关系会障碍重重。

寻找你与对方之间的平衡

某地区召开了一次“夏季哲学讲习会”。

在一群年轻的大学生中间，坐着一位中年工薪职员，他专心地听着哲学教授的讲述，还时不时地提出一些尖锐的问题。讲习会结束后的一天，天天都来听讲的这位职员找到了哲学教授。

“有什么事儿吗？”

“上次讲习会太有益了，这期间我连看了三遍听课笔记，发现您有许多话都说得很好。但是，有几个地方我有点儿疑问，所以就冒昧地找您来了。”

教授欣然给予了详细的解说。解说后，教授提出了心中一直存在的疑问：“很抱歉，能问一下您的职业吗？”

“当然，我是人寿保险公司的推销员。”

教授平时对保险推销员是比较反感的，然而看着眼前这位天天听自己那艰涩难懂的课，并且还连看了三遍笔记的人，他不由得打破了对保险推销员的成见。

就这样，这件事为保险推销员打开了成功之门，他用心影响着教授。又经过三番五次的拜访，保险推销员终于成功地和教授签订了保险合同。

试想一下，一个陌生的推销员来到教授面前，劝说他购买保险，他肯定是不会接受的，并且会对保险推销员非常反感。这个推销员的智慧就在于，他先从获得教授的好感入手，在成功获得了教授的好感后再建议他购买保险，这时候，若教授仍对买保险一事抱有负性态度，那么就会出现不平衡的心理状态，所以，他改变了对购买保险的态度。

这位保险推销员充分利用了人际关系的平衡理论，成功地影响了哲学教授，使他与自己签订了合同。

解疑答惑

小Q提问： 我周围的人对我都很客气，我觉得交不到真心朋友。有人说这是因为我爱出风头，爱出风头真的会影响我的人际交往吗?

作者回答： 爱表现自己无可厚非，人要适当地表现自己才能被人认识，才能脱颖而出。但是，你也要注意，你的突出会显出别人的弱势，这会在一个群体中造成不平衡的状态。当你的人际关系处于失衡状态的时候，你自然不会受人欢迎。所以说，你要多加强和别人的沟通，适时地赞美别人，必要的时候收敛自己的光芒，未尝不是成功之道。

小Q提问： 我找了一份推销保险的工作，但是一遇到客户就被拒绝，他们总是以高高在上的口气跟我说话，我该怎么做才能让他们对我保持一种平衡的心态呢?

作者回答： 做销售本来就是要让别人把钱掏出来，他们有这样的优越感，你自然很难被公平地对待。具体办法有很多种，最佳方法就是，消除对方的优越感，获得他对你的尊重，实现你和对方之间关系的平衡。

学会站在对方的立场思考问题

你为他人着想，

将来，也会得到他人的照顾！

站在他的角度，才能触碰他的心灵

在经济萧条时期，西班牙一家珠宝店的新职员索莫扎在向顾客展示产品时，不慎将一枚钻石耳钉掉到地上。他俯下身仔细地搜寻，但没有找到那枚耳钉，应该是让谁捡起来了，但没人吭声。

当时，店里除了大腹便便的中年顾客，就只有旁边一位男青年了。索莫扎心想：胖顾客不太可能拿，肚子那么大，弯腰都很费劲。唯一的嫌疑就是那个男青年。看他满脸菜色的样子，似乎好几天都在挨饿，想必他是想拿那枚钻石耳钉换些吃的。索莫扎必须找回这枚耳钉，因为这关乎的不光是珠宝店的损失，而且是自己的饭碗和终生都难以赔偿的罚金。

索莫扎沉住气，来到男青年跟前，眼含泪花，轻声地说道："先生，在这样艰难的时期，找一份工作真是不容易吧？这才是我上班的第三天！"

男青年怔住了。

细心的索莫扎看在眼里，接着说："我等这份工作花了三个月时间。工作虽然来之不易，也很艰辛，但我所做的一切努力是为了不让我的家庭垮掉……”

这时，男青年的眼眶也红了，握紧了他的手。索莫扎感到了，正有东西放在他的手心里。

站在对方的角度上想问题

索莫扎善解人意地表达了他的意思，就是“我知道耳钉在你手里，请把它还给我”。如果他公然揭露男青年的不义行径，也许能达到目的。但他没那么做。他选择的是站在别人的立场博取同情，在不伤害别人的前提下也拯救了自己。

我们面对问题时，如果仅从自己的角度去考虑，往往会失之偏颇，甚至伤害到对方。相反，如果能够站在对方的立场看问题，将心比心，就能体会到对方的感受，从而理解他。

我们看看洛亚科的故事，就更容易体味其中的道理了。

洛亚科分期付款买了辆车，因为手头紧张，她已连续7周未按合同交款了。

这天，负责洛亚科买车付款账户的人打来电话，愤怒地通知她，如果在下周一不把钱交上的话，他们将会采取一些行动。由于洛亚科没有按时筹到钱，这名男子在周一的电话里说了更多难听的话。但洛亚科并没有发火，而是从他的角度出发仔细分析了一番。

她先是真诚地道歉，说自己给他带来了很大的麻烦，一定是他客户中最让他头疼的。对方听了洛亚科这番话后，态度立刻好转了不少，还举例说明洛亚科并不是最让他烦心的，那些有心躲着不见、蛮不讲理的客户，才是令人恼火的。洛亚科一直安静地倾听对方把话说完。最后，还没等洛亚科开口，对方就主动提出只要能在本月底先付给他20美元，然后在她方便的时候再把其余的钱交给他就可以了。

可见，对善于“投桃”的人，现实总会对他“报李”。

设身处地为对方着想

人的生活目标不同，如果能设身处地地思考问题，就会理解对方，并赢得对方的认可。

小米创始人雷军之所以能够集齐七大联合创始人，以及在小米手机发布时，众多知名人士愿意为他站台进行信任背书，与他一贯的为人处世风格有着直接的关系。圈内的许多大佬都了解，雷军其实是一位老好人，当他的朋友出现困难的时候他会第一个站出来帮忙，当他有了好项目时，他也是第一个想到拉兄弟们一起挽起袖子开干。

尚品网商业模式陷入困境时，雷军给赵世诚发过一封邮件，一再激励他克服困难。这封邮件让赵世诚触动很深。除此之外，雷军还积极地传授赵世诚一些管理和引进人才方面的经验，这些经验对转型时期的尚品网起到了至关重要的作用。

2005年，雷军曾经的合伙人陈年因为与亚马逊高层意见冲突，离开了卓越网，开始了自己的创业路。在卓越网建立起的良好关系，让雷军对陈年的能力深信不疑，所以陈年在创立“我有网”时，雷军就给予了一定的投资。然而好景不长，“我有网”没有坚持多久就宣布破产。

2007年，陈年创建电子商务网站凡客诚品，雷军又一次找到了陈年，表达了自己的投资意愿。这距离“我有网”破产还没过去多久，雷军又将钱投给陈年，这让很多人感到费解，但雷军给出的答案却十分简单：“因为他是陈年，其实不关心他做的是凡客诚品还是什么。”雷军对陈年的信任由此可见一斑。对于雷军的信任陈年心存感激，凡客诚品的LOGO“vancl”最后的C和L分别代表了陈年和雷军。

在肯尼迪·古迪的《怎样让人们变成黄金》一书中有这样一段话：“停下来，用数秒钟的时间比较一下，你是如何关心自己的事情和关心他人的事情的。然后，你就会理解，别人也和你一样。而你一旦掌握了这个诀窍，就会像罗斯福和林肯一样，拥有了做任何事的坚实基础。换言之，和别人相处的关系怎样，完全取决于你在多大程度上替别人着想了。”

很多时候，我们换一个思维就能换一个结果。如果一件事情对你没有益处，对别人也没有益处，那这件事情就没有任何意义。所以，很多时候，如果我们及时调整心态，站在对方的立场思考问题，就会变被动为主动，迅速博得对方的谅解与认同。

解疑答惑

小Q提问：我每天工作都特别累，有时候加班到很晚。回家之后，想好好休息一下，但是还要听老婆不停地唠叨，我想和她好好谈谈，我该注意什么呢?

作者回答：首先，你想通过沟通解决问题，这样的想法是很好的。你要注意的是将自己的不满以平静的心态表达清楚。同时，关心一下你的妻子，了解她为什么爱唠叨。你们要互相体谅，多站在对方的角度思考，相信问题很快就会解决。

小Q提问：可能是我对儿子十分溺爱，导致他什么东西都不愿意跟人分享，还和学校的同学闹矛盾。现在他朋友很少，性格也很孤僻。我心急如焚，该怎么办呢?

作者回答：由于你对儿子的溺爱，使他变得很自私，不知道跟别人分享，很少为别人考虑。你要做的就是多跟孩子沟通，带领他参加义务活动，也可以请同学到家里做客。想让你的儿子有良好的人际关系，最重要的是让他学会关心他人、理解他人。你还可以通过自身的行动为他树立榜样。总之，这需要你在生活中慢慢影响他。

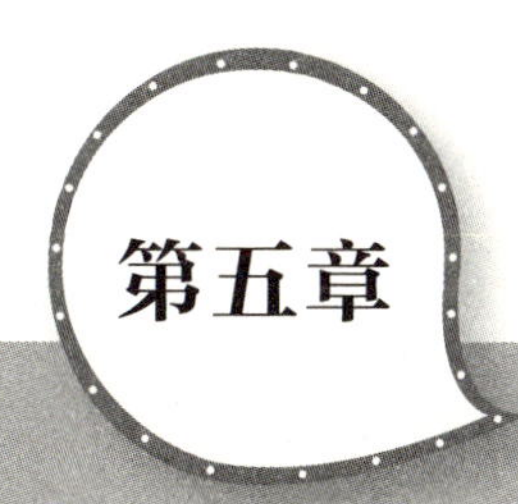

第五章

没有陌生人的世界

朋友就像是一座座浮桥，不仅能够帮助你渡过江河，还可以帮你看到其他的浮桥和风景，当你通过一个朋友认识更多朋友的时候，能够帮助你抵达成功彼岸的助力便会越来越多，这就是社交的魅力。

与陌生人成为朋友的触发点

成为朋友的基础，

很多时候缘于共同利益和爱好！

用利益将彼此连接在一起

小费刚开始以“近朱者赤，近墨者黑”来提醒自己在社交中不要靠近有不良喜好的人。

当小费第一次经朋友介绍在酒吧认识郝明时，因为他看起来有些颓废，还有点流里流气，使小费对他产生了抵触情绪，也没有太在意这个人。

但是，郝明对小费很感兴趣。因为他们有相同的爱好：收集古钱币。而且小费那儿有几块郝明非常想拥有的钱币。

后来，小费的妹妹申请出国，签证方面遇到了一些麻烦。小费请上次在酒吧见到的朋友帮忙。朋友说这件事情要是由郝明出面，就是小菜一碟，因为他父母在使馆工作，他的朋友有好几个是负责出国签证的。

小费这才发现自己的社交偏见。后来郝明帮小费办成了妹妹出国的事，他俩也成了好朋友。

小费的社交偏见是由于他不懂得，通过一个人的关系，就可以绑定他所在的团体这是一个庞大的资源。尤其是在中国，人情关系是一门大学问。

中国的社交关系有其自身的特色。在中国，人和人的交往不单是个人和个人的交往，而是一个人和一群人的交往。比如一家大型企业老总的儿子，虽然他是个不学无术的小混混，而且按个人身份来说他也是一介平民，但是因为他家族关系的支撑，他认识的朋友不是平凡老百姓，因而他能办成的事也就不简单了。这叫作人际关系的“捆绑效应”，也可称为“堆效应”或者“块效应”。

互联网时代，人与人自由连接

在互联网时代，人与人的连接已经不仅仅局限于身边亲朋好友的块效应或群效应了。很多时候，只要我们与某个大V或自媒体大咖建立了联系，再经由他的互推或转发，可以让我们迅速获得大量的朋友（粉丝）。

2000年，中国的互联网市场可以说是喜忧参半。喜的是新浪、搜狐和网易相继上市，互联网行业正逐渐热闹起来。忧的是市场波动让人们对互联网的作用产生了怀疑。马云打算邀请业内人士，诸如新浪的王志东、网易的丁磊、搜狐的张朝阳、8848的王峻涛等，在西湖边举行一场聚会，探讨互联网的发展现状和发展前景。

马云考虑到，当时的自己并不具备号召业内“响当当的人物”的能力，便想邀请金庸来主持这个聚会。之所以选择金庸，马云给出了三点理由：首先，金庸是成功人士。在事业上，他办报、经营媒体都取得了成功。在生活上，家庭美满，一生如意。其次，金庸德高望重，对网民有足够的影响力，对媒体一样有吸引力。最后，凭借前两点，金庸就具有足够的号召力。

在金庸的招牌下，丁磊首先被拿下。不久，自称没读过金庸小说的张朝阳也决定赴约。正在香港的王志东也给马云回了肯定的答复。接通了王峻涛的电话，马云笑说："你来不来无所谓，不过，金庸要来。"

马云喜欢金庸小说，他仿金庸武侠小说《射雕英雄传》中的"华山论剑"，将讨论会命名为"西湖论剑"。"论剑"当日，74岁的金庸如约赴会主持，一百多名记者不请自来。王峻涛说："我的眼前一片模糊。"这种以热泪传达的激动，显然比空乏的语言更具说服力。

坦白说，阿里巴巴当时还是一个名不见经传的小网络公司，与网易、搜狐、新浪等不可同日而语，想邀请这些"网络大腕"来共同"论剑"，实在是勉为其难。因为参与"论剑"，其实就是给马云"镀金"，给阿里巴巴免费做宣传，如果不是有金庸这块"金字招牌"，恐怕没有几个人愿意来给马云捧场。

2005年的第五届西湖"论剑"，马云把当时中国互联网的领军人物，诸如新浪、搜狐、网易、腾讯等公司的CEO悉数请到现场。最值得一提的是，美国前总统克林顿这位特别的"重量级"嘉宾也被马云邀请到了。马云还特别邀请他做本届"论剑"开幕式的主题演讲，以开拓者的独特视角来阐释中国互联网的未来。"论剑"结束后，马云与克林顿共进晚餐，泛舟西湖。马云后来说："老克乐坏了。直呼杭州美！"

时隔五年，到2010年9月11日，阿里巴巴又在浙江省人民大会堂隆重举办了第六届"西湖论剑"暨第七届全球网商大会。这一次，马云又邀请到了另一位重量级人物——好莱坞电影巨星、美国加利福尼亚州州长阿诺德·施瓦辛格。

在粉丝经济之下，人与人的连接变得更加容易，只要我们有心去主动连接，就可以更有效地利用我们的社交关系。假如一个人和其所处的团体擅长某一领域，我们可以通过我们认识的人来利用这个团体的力量，可以从捆绑关系中获得更多消息和帮助。

加入一个群，主动连接天下的朋友

互联网越来越发达，而基于互联网思维下的社群经营也变得越发生机勃勃，罗粉、米粉、魅粉、果粉、韩粉、方粉、万达公子粉、知乎粉、豆瓣粉、贴吧粉等，不一而足。只要你有足够的精力，你总可以在形形色色的兴趣小组、粉丝会中找到具有相同爱好的朋友。

我们不妨看看一位罗辑思维的小伙伴是如何发出连接邀请的，他在贴吧里这样写道：

2014年11月14日我将从江苏昆山出发，一个人，一个背包，一路搭车去旅行，目的地是四川九寨沟。一路上我会经过好多地方，希望能够在旅途中遇到当地真诚有爱的罗辑思维小伙伴，大家一起扯扯淡，说说人生故事，聊聊互联网思维，交个罗友；也希望作为本地人的你可以给我介绍一下当地值得看的景点、值得吃的美食。

作为罗辑思维的铁杆粉丝（还没成铁杆会员，嘻嘻），我坚决认同罗胖所说的“移动互联网时代一切基于连接”，人与人之间的连接才是这个时代最好玩、最值得期待的事情。也许美好的事情即将发生。

所以，出发前夜，在我们罗辑思维圈子里吆喝一声：罗辑思维小伙伴们，我们来连接吧！

这位可爱的罗辑思维的小伙伴，在贴吧上详尽地描述了自己的行程路线，自己可以为对方做什么，希望得到对方的什么帮助等，以便适时地与当地的朋友进行连接。

解疑答惑

小Q提问：我的大学同学到我们公司来工作，一开始她对我非常好，但是她熟悉了公司的制度后就开始疏远我了。我发现她只是想通过我尽快融入公司。我非常伤心，我还要不要理她呢?

作者回答：从你的描述看，你的同学与你相交就是看重你背后的人际关系。她的目的性很明显，但是你并没有意识到这一点。所以，当你真心对待她的时候她只是出于利益需求。不过，同一个公司的员工还是要和睦相处、共同合作的。最重要的是你在与人交往的时候应摆正自己的心态。只要你看清楚你们之间的关系是利益关系之后，就要注意自己与她的交往方式了。

小Q提问：同一个办公室的小刘老是让我帮他整理文件，我刚开始看他很忙就帮帮他。但是后来他就理所当然地认为我应该帮他，越来越不客气了，我该怎么办呢?

作者回答：当你总是无条件地帮助他的时候，他就会理所当然地认为你应该帮助他。这时候你们就陷入了一种捆绑式的人情关系，你最好还是当面跟他说清楚，或者找个理由回绝他的请求。

不吝赞赏，让关系更进一步

赞美人，

是使人悦服的方法，

也是博得人们好感的好方法。

赞赏，成就了一位黑人州长

罗杰·罗尔斯是纽约历史上第一位黑人州长。他出生在纽约声名狼藉的大沙头贫民窟，这里的孩子成年后很少有人获得较体面的职位，罗杰·罗尔斯是个例外。

在他就任州长的记者招待会上，罗尔斯对自己的奋斗史只字不提，他提起了一个大家非常陌生的名字——皮尔·保罗。

皮尔·保罗是罗尔斯的小学校长，他在1961年被聘为诺必塔小学的董事兼校长。当时正值美国嬉皮士流行的时代，皮尔·保罗走进大沙头诺必塔小学的时候，发现这儿的穷孩子比“迷惘的一代”还要无所事事：旷课、斗殴，甚至砸烂教室的黑板。当罗尔斯从窗台上跳下，伸着小手走向讲台时，皮尔·保罗对他说：“我一看你修长的小拇指就知道，将来你是纽约州的州长。”

罗尔斯大吃一惊，长这么大只有奶奶让他振奋过一次，说他可以成为5吨重的小船的船长。这一次，皮尔·保罗先生竟说他可以成为纽约州的州长！他记住了这句话，并且相信了它。从那天起，“成为纽约州的州长”成了他人生道路上的一面旗帜。他的衣服不再沾满泥土，说话不再夹杂污言秽语，他成了班主席。在以后的40多年里，他没有一天不按州长的身份要求自己。51岁那年，罗尔斯真的成了州长。

在他的就职演说中有这样一段话：

“信念值多少钱？信念是不值钱的，它有时甚至是一个善意的欺骗！然而你一旦坚持下去，它就会迅速升值。在这个世界上，信念这种东西任何人都可以免费获得，所有成功者最初都是从一个小小的信念开始的。”

赞赏的巨大力量

罗尔斯的成功源于一个微小的信念，而这个信念的来源就是一句不经意的赞美。可见赞美的力量有多大。最残酷的伤害是对一个人自信心的伤害，最大的帮助是给人以信任和赞美。心理学家威廉·詹姆斯说过一句话：“人性最深切的渴望就是获得他人的赞赏，获得他人的赞赏是每个人的心理需求。”

因赞赏而获得信心和成功的人，并不在少数。著名守门员杰里·卡拉姆就是这样一位。

文森·伦巴底是一个素以严厉著称的令人生畏的足球教练。

一天，一名守门员在比赛时多次出现不应有的失误，结果让好几个球长驱直入进了门。伦巴底严厉地训斥了这个队员一顿。训斥过后，那名队员走进更衣室，伦巴底随后也跟了进去。只见这名挨了训的小伙坐在更衣室里，耷拉着脑袋，沮丧至极。伦巴底摸了摸他的头发，轻轻拍了拍他的肩，然后说道："别泄气，以我的眼光看，相信有一天，你将会成为'NFL'球队最出色的守门员。"

这名守门员就是杰里·卡拉姆。

他回忆说，在他此后的足球生涯中，他总记得伦巴底的那句话，并以此为目标。不但如此，伦巴底的鼓励甚至对他的整个生活都产生了巨大的推动作用。卡拉姆终于成为"NFL"球队50年来最令人难忘的明星守门员。

一个意外的褒扬会令人感到自己能够胜任和有价值。那些被贴上正面标签的人，会更加积极地去发挥，从而形成良性的循环。

很多人都渴望获得他人的赞赏。赞赏他人不仅是对对方的肯定也是找到与对方共鸣之处，建立良好人际关系的好方式。

赞美得优雅，让你更具人气

在一次竞选演讲上，一位竞选人的演讲词很出色，但并不适合这次的场合。波尔先生不想伤害这位竞选人，于是他设计了这番说辞。波尔先生说道："你这篇演讲词十分精彩，我敢肯定它是最好的，能够引起人们极大的关注和兴趣，在很多场合下都会如此。但是，对于这次特殊的场合，它是否合适呢？希望你可以按我的指示要点进行一下调整，我想它会更好的。"

波尔先生并没有直接说他这篇演讲词不合时宜，而是始终以称赞的语气暗示他的演讲词可以更加出色。马克·吐温说，听到一句得体的赞美，能使他陶醉两个月。其实，人人都渴望获得别人的赞美。

因此，要想更好地与人打交道，你就要学会赞美。当你赞美别人时，自己也会获得他人的尊重。赞美会拉近彼此之间的距离，获得别人的信任和喜爱，使你们更加接近。

解疑答惑

小Q提问：我新来了一个秘书，她做事非常认真。但是，她最近有点懈怠。我是一个不苟言笑的人，批评了她几句，后来她工作就更不认真了，还老是出错。我该怎么办呢？

作者回答：你的批评对于她来说可能是一种打击。人都会犯错，而你的宽恕和鼓励会是她走出倦怠的心理动力。我想，你通过鼓励的方式，让她提起精神来，才是最好的管理方式。因为你是一个不苟言笑的人，很少赞美别人。所以，别人会把你的严肃误认为是不满意，从而更加懈怠。

小Q提问：我的孩子成绩不好，最近一直在下滑。我和老师商量之后，决定严格地监督他的学习，给他施加压力。我想这样他才会更有动力，但是遭到了妻子的严厉反对。该怎么办呢？

作者回答：孩子成绩不好，要慢慢改善。一下子给孩子施加太大的压力，你的孩子会有沉重的精神负担。这对孩子的成长十分不利。其实，你可以反其道而行之，试着去鼓励孩子，哪怕是一个微小的进步。当你的孩子对自己充满信心时，会更加投入到学习中，就会有进步了。

化解社交尴尬，就要学会交流

想在社交场上成为令人瞩目的明星吗？

还是先学会巧妙表达不便说明的话吧！

用闲聊的方式化解冷峻的谈话

1984年，里根按照顾问的安排，在访华前夕与一位复旦大学毕业的留美学生接通了电话。

他对这位学生说："我要去你的祖国，你是否有什么话要带给祖国？"

这位留学生在毫无准备的情况下，接到里根总统的电话已经很慌乱了，而电话里的问题更是让他手足无措。他支吾了半天，满头冒汗。

里根立即意识到"此路不通"。所以，他马上掉转话头，亲切地问道："你来美国多久了？"这个留学生回答了他。

接下来，里根又问了几个与主题无关的问题。在回答问题的过程中，这个留学生的心绪逐渐平静下来。里根趁势将话题转回到正题上。此时，这个留学生很自然地请总统转告他对祖国人民，对母校师生的问候。最终，这次通话取得了良好的效果。

闲聊的技巧

里根总统不但是一位成功的政治家，还是一位优秀的交际家。他用闲聊的方式化解了一场生硬冷峻的谈话，拉近了与对方的距离，达到了自己的目的。间接指出别人的错误，要比直接说出口来得温和，不容易引起别人强烈的反感。

当然，闲聊并不是一件简单的事。

《智慧书》的作者葛莱西安在书中这样说过：

“没有一个人类的活动像说话一样需要小心翼翼，因为没有一种活动比说话更频繁、更普通，甚至我们的成败输赢都取决于说的话。”

即便是闲聊，技巧同样不可忽视。当你遇到冷场或尴尬的场面时，下面的几个小方法或许会对你有所帮助：

1.适当地加入你的幽默

在闲谈时适当加入幽默，会让交谈变得轻松愉快。幽默和个人的性格以及知识积累有关，要让自己能在需要时幽默起来，平时就要多观察生活中的细枝末节，多看笑话、喜剧片、相声小品，或是多看名人逸事中的幽默并记住适合自己的那些幽默语句。

2.懂得自嘲的艺术

在与人交谈中，当你陷入尴尬的境地时，借助自嘲往往能使你从中体面地脱身。自嘲要求你具备豁达、乐观、超脱的心态和胸怀，同时，你应是一个自信的人。因为，只有足够自信的人才能拿自身的失误、不足甚至生理缺陷来“开涮”，对丑处、羞处不予遮掩，反而把它放大、夸张，最后巧妙地引申发挥、自圆其说，博得众人一笑。

3.制造互动

一旦遇到冷场的局面，不妨制造一些互动游戏。比如心理测试、脑筋急转弯、看手相等。如果对方感兴趣，谈话就会继续下去。

巧妙化解闲聊中的尴尬

面对别人过分或无礼的要求，如果我们直截了当地说“不”，无疑会使对方感到失望和尴尬。但是，如果你能像罗斯福一样机智地表达自己的意思，便会很容易让人接受。

罗斯福年轻的时候曾担任海军助理部长。当时，一位好朋友来看他。在谈话期间，朋友提起了自己听他人谈到的海军在加勒比海某岛建立基地的事情。

这位朋友坚持问道：“我只需要你告诉我，我听到的这件事情，是否确有其事？”

罗斯福这位朋友打听的可是国家机密，根本不能公开。但是面对好友的请求，罗斯福如何拒绝才能既坚持原则又不破坏朋友之间的感情呢？我们来看看罗斯福是如何回答的。

当时，只见罗斯福向四周望了望，然后压低嗓子向朋友问道：“你能保证对不准外传的事情进行保密吗？”

“当然能！当然能！”好友急切地回答道。

“那么，”罗斯福微笑着说，“我也能。”

不光是朋友之间，在某些社交场合，我们也常常会有一些不便说明的话。当你遇到别有用心、含沙射影的诘难，但又不得不说时，如果对应不当，你将会陷入极其艰难的境地。

白岩松有一次做客某访谈节目，有观众问他："您在央视做主持人，一个月有多少收入？"

白岩松笑着说："应该说，养一个老婆是足够的！央视主持人的收入不是固定的，要看你上节目的多少和档次的高低。有时候这个月的收入很高，下个月的收入只是它的零头。我从不走穴，没有什么外快。在央视，我的收入不算很高的，当然同下岗职工相比，我就什么也不应该说了。"

白岩松避"实"——每个月的具体收入，就"虚"——养活一个老婆是足够的。他委婉地表明自己的收入属于中等水平，表明自己洁身自爱、淡泊知足的生活态度。该回避的回避了，该回答的回答了，非常得体。

解疑答惑

小Q提问：我的一个朋友特别八卦，老是问我找没找到男朋友。我觉得这还算是我的隐私，不想回答。我该怎么办呢?

作者回答：我们经常会遇到这样的事情，如果你直接说不想告诉她，这是你的隐私，会使对方十分尴尬。其实，交流是要讲究技巧的。你可以通过转移话题、模糊回答等方法，巧妙地回避。

小Q提问：我的闺蜜离婚了。有次我们聊天时，我提到了婚姻的话题，她显得很不高兴。这个时候我们都很尴尬，我该怎么办呢?

作者回答：因为婚姻对你的朋友来说是非常敏感的话题，所以在交谈中，你应该适当地回避这一话题。如果不小心谈到，可以适当开解一下对方，也可以做模糊处理，或者转移话题。

缩小彼此间的距离，使关系更密切

抓住双方的共同点，

消除交际中的差异和距离。

不能直接取悦，那就间接取悦

华特尔先生奉命写一篇有关知名企业的报告。为此他特地拜访了一位大工业公司的董事长，这位董事长知道一些华特尔非常需要的资料。两人正欲聊天时，董事长的秘书敲门进来，告诉董事长，她今天没有什么邮票可以给他。

“我的儿子喜欢搜集邮票。”董事长对华特尔解释说。

华特尔先生说明他的来意，开始提出问题。董事长说法含糊，不想把心里的话说出来。这次见面没有获得任何实际效果。

就在华特尔先生束手无策时，他忽然想起董事长的儿子喜欢集邮的事，而他所在的单位刚好可以得到世界各地的邮票。

第二天早上，华特尔先生再去找那位董事长，并传话进去，说有一些邮票要送给他的孩子。于是，董事长表现得异常热诚。他满脸笑容，惊喜地赞美着每一张邮票。

之后，他们花了一个小时谈论邮票，看他儿子的照片，然后那位董事长又花了一个多小时，把华特尔想要知道的东西全告诉了他。为了帮助华特尔了解更多信息，他还把他的下属叫进来，问他们一些问题。他甚至还打电话给他的同行们，把一些事实、数字和报告全部告诉了华特尔。

最后，华特尔先生满载而归。

关注相似点，缩小社交差距

华特尔的成功，正是因为他抓住了那位董事长最看重的人——他的儿子。于是，他利用邮票，间接取悦了董事长，然后得到了自己想要的东西。所谓间接取悦法，就是针对对方的特点，采取一些看似与本意无关的东西或行为打动对方的心，使之产生好感，以达到真正的目的。

其实，这除了源于我们对对方的关注程度，还在于在大多数的情况下人们并不喜欢不同、相异。下面以20世纪70年代初的一项研究为例。

研究者发现，当时的年轻人穿着主要有两种类型，要么像嬉皮士，要么不像嬉皮士。接着，研究者便让被试穿着像或不像嬉皮士的衣服进入校园，他们要向大学生借钱打电话。结果是，当被试的穿着与被问到的学生是同一风格时，多于三分之二的人得到了帮助；而若被问到的是穿着相反风格的学生，成功借到钱的被试比例还不到一半。

人们往往倾向于寻找某些相似之处，同时，人们也会优先认识相似事物。

提起天安门，人们自然会把其附近的故宫、人民英雄纪念碑等联系在一起；

当按一定的时间间隔发出一系列的轻拍声时，时间上接近的某些声音就比较容易被人们记住；

当散步时，举目望向整个广场，人们会自动将某些人归为一类，比如那三个围在一起的人，那四个并排坐在一起的人，又或者即使某个人坐在某几个人旁边，但人们依然能确定他不属于这个群体，等等。

人们会不自觉地受到具备相似性事物的引导。追求相似性，使人们有选择地靠近他人。

掌握正确的交流距离

心理学家对人与人之间的交流距离做了研究，并绘制出下表格。

交流距离

距离	范围	动作表现	心理效果	适用性
亲密距离	近：少于15厘米 远：15~44厘米	面对面的交谈，挽手臂或窃窃私语，能够清楚看到对方的表情和眼神	亲密友好	关系亲近的人之间
常规距离	近：46~76厘米	握手，亲切交谈	友好、亲切	熟人之间
	远：76~122厘米	除交谈二者外，第三方可以自由进入空间	友好，不会给对方造成侵犯	陌生人之间
社交距离	近：1.2~2.1米	社交性或礼节性的接触，友好、礼貌的沟通	礼貌，尊重	工作场合或社交聚会
	远：2.1~3.7米		更加正式、庄重	
公众距离	近：3.7~7.6米	多扫视，少注视，彼此间未必发生联系	正式，但很随意	多为大众演讲
	远：10米外			

可见，不同的举动会表达不同的含义。不同的交流距离，也会在心理上产生不同的影响。好好学习这张表格，我们就能了解，自己与

别人接触时，应该保持什么样的距离才合适。

解疑答惑

小Q提问：现在的互联网技术越来越先进了，我和朋友也经常是在网上交流。但是一见面，我就不知道该聊什么了。这是怎么回事呢？

作者回答：你习惯了在虚拟空间里和人交流，忽略了现实的具体情境。这涉及人与人在交流时，不同的物理空间会产生不一样的交际效果。虚拟世界里的交流是超越空间的交流方式，通过自身对对方言语和情绪的推测并不完全准确。因此，当你到现实生活中，就会发现这与你们在网络上的交流有很大不同。你可以参考书中表格里的信息来调整自己与人交流的具体方式。

小Q提问：我新来的同事跟我讨论问题的时候，可能是我挨得他很近，他一直在往后躲这让我非常不舒服，我该怎么办呢？

作者回答：任何人在交谈的时候，都要注意交流的礼节，尤其是交流者之间的空间距离。你显然没有注意到这一点。和同事应该保持0.5~1米的距离。这不仅是礼貌的表现，也给彼此合适的交流空间，不至于产生误会。希望你能调整自己的交流方式。

寻求共鸣，让心与心更接近

没有共鸣，

你和对方的世界就隔着一堵厚厚的墙。

找到相似点，让别人说“是”

在销售界有这样一句话：捕捉“相似性”是推销员的职业“敲门砖”。很多情况下推销员的工作很大程度上并不表现在直接的“推销”上，而只需找到客户的“相似性”。

汽车销售员莫尼对此深有体会，当检查顾客拿来想交换的旧车时，他会寻找顾客的背景和兴趣点。比如，当顾客的行李箱中有露营装备时，他会提到自己在工作之余经常到远离城市喧嚣的郊外去休憩；当顾客的后座有高尔夫球杆时，他会顺口说自己的希望——明天最好不要落下雨滴来，这样自己才可以去打早已计划好的和朋友的一场十八洞的球；当他发现某一顾客的车是在外省买的，他会惊讶地说自己曾经在那里生活过半年。

莫尼的推销之道，看起来可能并不起眼，但的确发挥了作用。正如公司的销售记录上所表明的，每个月莫尼总能比其他人多卖出几辆车，而这多出来的几辆车，对公司、对莫尼个人来说意义都非常不一般。

因为你们有相似点

上面这则故事是销售员利用“相似”让人们说“是”的案例，我们可以发现，找到了相似，也就找到了沟通的机会，找到了联络感情的途径，从而使相互信任有了可能，自然为最终的推销埋下了伏笔。

想跟周围的人获得联系就要细心观察，寻找共同点。让我们来看看下面这位退伍军人和司机是怎么建立联系的。

一位退伍军人与一个陌生人在长途客车上相遇，他们坐的位置都在驾驶员背后，彼此无言。不料，车开到半路就抛锚了，驾驶员忙了一通也没有修好。退伍军人正打算开口，这位陌生人抢先一步建议驾驶员把油路再查一遍。驾驶员将信将疑地去检查了下油路，果然找到了“病因”。这位退伍军人感到对方这绝活可能是从部队学来的，于是试探问：“你在部队待过吧？”“嗯，待了六七年。”“噢，算来咱俩还是战友呢。你当兵的部队在哪里？”于是这一对陌生人就谈了起来，据说后来他们还成了朋友。

如果不是通过细心观察和推断，退伍军人无法发现彼此都当过兵这个共同点，自然，他们也就无法成为朋友了。

寻找你和对方的共鸣

当你拿出自己初中、高中、大学的毕业照让朋友看时，他会从中找到你，并且相应地也会猜测你所在位置周围的几个人与你关系要好。

原因很简单，并不是因为对方早就知道，而是因为对方自动把你周围的人组合到了一起，这是空间上的接近性的选择。通过照片中空间上的接近性，人们或许是偶然地猜对，但这种偶然猜测不仅打开了沟通的话题，同时也无意中使用了接近律的原则。这便是格式塔心理学派中知觉组织原则中的相似律——当其他条件相同时，人们根据某种相似特性而把事物组合在了一起。

因相似而组合，这是人们在对信息进行加工时所运用的又一规律。回到我们的日常沟通活动中，我们其实一直在受相似性的影响。

比如，走进一家大型餐厅，服务员会为你热情地服务，如果在随后的用餐中你有某种需要，你会很自然地搜寻、看向某个服务员，并且一般不会把某个客人当作服务员；走进图书超市，里面的管理人员在各个位置走动着，他们准备着随时为你服务，而你也能轻松地找到他们。这一切的原因很简单：人们能把穿着一致的服务人员、管理人员组合为一个整体，所以在头脑中从一开始便对信息进行了加工。

诸如案例之类的反应人们或许并没有注意到，因为人们会感觉很平常、很普通，但从心理学的角度可以发现，这些正是相似律在信息加工时所发挥的作用。“共鸣”就由此而产生。那么，寻找共鸣的具体方法有哪些呢？心理学家给出了以下建议。

1.寻找双方工作上的共同点。例如，共同的职业、共同的追求、共同的目标等。

2.寻找双方在生活方面的共同点。例如，共同的生活经历、共同的信仰等。

3.寻找双方兴趣、爱好上的共同点。例如，共同喜欢的电视剧、体育比赛、国内外大事、旅游、文学、建筑等。

解疑答惑

小Q提问：我买了一辆红色的车，但是开上街后，发现到处都是红色的车，平时也没有这样的感觉，这是我的心理暗示吗?

作者回答：这的确会受到心理暗示的影响。我们本身就容易关注与我们自身相关的事物，然后才会关注周围的其他事物。这不仅是由于我们会把过多的精力放到我们所从事的事情上，还因为我们内心会希望自己的选择是非常有品位的，并且是独一无二的。

小Q提问：我很想跟读书会的会长认识，并成为朋友，我想这对我的发展一定大有好处，可是我不知道该如何结识他，我该怎么做呢?

作者回答：想认识他其实非常简单，因为他是读书会的会长，所以，他的一大爱好必定是读书。你可以通过周围的人了解他喜欢读哪一类书，自己在这方面也下点功夫，找机会讨教一下这位前辈，相信他一定会耐心解答，并认为你很有品位。因为他的喜好就是你们的共同点。

热情，助你在朋友圈里遇到贵人

热情开口，

就必然成为使别人信服的第一流演说家！

重视别人，就是重视自己

莎拉是个业务员，她的工作是为强生公司招揽顾主。

顾主中有一家是药品杂货店。每次她到这家店里去的时候，总要先跟柜台的营业员寒暄几句，然后才去见店主。

有一天，她又到这家商店去，店主却突然告诉她今后不用再来了。店主不想再买强生公司的产品了，因为强生公司的许多活动，都是针对食品市场和廉价商店而设计的，对小药品杂货店没有好处。

莎拉只好离开商店。

莎拉开着车子在镇上转了很久，始终想不明白。最后，她决定再回到店里，把情况说清楚。

莎拉走进店里的时候，她照常和柜台上的营业员打过招呼，然后到里面去见店主。店主见到她很高兴，笑着欢迎她回来，并且比平常多订了一倍的货。

莎拉十分惊讶，不明白自己离开店后发生了什么事。店主指着柜台上卖饮料的男孩说："你该谢谢他！在你离开店铺以后，他走过来告诉我，说你是到店里来的推销员中唯一会同他打招呼的人。”

店主接着说：“他告诉我，如果有什么人值得做生意的话，就应该是你。我同意他的看法。”

从此，这家店成了莎拉最好的主顾。莎拉激动地说：“我永远不会忘记，关心、重视每一个人是我们必须具备的特质。”

发自内心的关怀和重视，就是热情

或许你会说，莎拉真是幸运，有这么多人帮助她。但是，这种幸运的得来并不是偶然。我们可以看到，莎拉平时对周围的小人物也十分重视，对人很热情，这是莎拉发自内心的关怀。正是这种热情的日积月累，获得了周围人的好感和信任。如果你能和莎拉一样对人热情，相信你也会有这样的好运。

谁也不可能离群索居，都要与人相处。在与人相处中，如果你想受到别人的欢迎，首先应该做的就是要真诚地关心别人、重视别人。海明威在《丧钟为谁而鸣》中写过这样一段话：

“谁也不能像一座孤岛，在大海里独居。每个人都像是一块小小的泥土，连接着整个陆地。如果有一块泥土被海水冲去，欧洲就会缺其一隅，这如同一座山峡，也如同你的朋友和你自己。”

发自内心地重视别人，才可以受到别人的重视。你诚挚的心灵，会使对方在情感上感到温暖和愉悦，在精神上得到充实和满足。这样，你就会体验到一种美好的工作和生活的氛围，就会拥有和谐的人际关系。

培养热情的品质

要想让对方记住你热情的形象，首先你要具备热情的品质，并适时地表现出来。培养热情的品质可以用以下方法。

要对他感兴趣。你对别人感兴趣，你才能对他表现出热情，与陌生人交往也一样。你要确定自己想与他交往，或者，应找到对方感兴趣的东西，这样才能激发你的热情。

1.由衷地赞美他。每个人都希望和由衷赞美自己的人交往。因此，与陌生人交谈时，如果你被他说的话或他的品质所感动，你就要由衷地赞美他。由衷地赞美，表明你很热情，对方就会记住你，愿意继续与你交往。

2.自信、真诚。与陌生人交往要自信、真诚。例如，用肯定的语气讲话，高兴时，可表现为提高音调，加快语速，高低音明显变化；同时，乐观的生活态度、善于表现等都是热情的表现。

拥有热情的品质，再辅以必要的肢体语言，更能增加热情的感染力。

辅以必要的身体语言

与人交往时，对方除通过具体交谈过程中的表达（例如，声音是否沉稳、有力）来判断你是否热情外，往往还通过观察你的表情、姿势等身体语言进行判断。因此，要学会运用身体语言来表现自己的热情。

1.灿烂的笑容。灿烂的笑容会使人感到轻松，给人以豁然开朗的感觉，能为你加分。同时，真诚的笑容还能缓解交往中的紧张气氛。

2.眼神。爱默生说：“人的眼睛和舌头所说的话一样多。同样，我们的热情也能靠眼睛传递给对方。如果你一直与对方保持着目光接触，表明你对他的谈话内容感兴趣，这样，他会觉得你很热情，从而愿意拉近你们之间的距离。

3.点头。点头与目光接触是同样的道理，点头表示你在专注地听他说话，能够理解他所谈的内容。

4.张开双臂。张开双臂表明你是热情友好的，并愿意与人接触。

5.身体前倾。身体前倾表示你跟他距离很近，并表明你正在听他讲话，且对话题很感兴趣。从对方的心理判断来讲，这是你对他的一种恭维。他会很愿意继续与你交谈。因为，他感觉到了你的热情。

有位心理学家曾说：“别人对你好与坏的判断只取决于某个最核心的品质。这个最核心的品质就是热情。”所以，当你整个人都热情洋溢时，毫无疑问，你将成为最受欢迎的人。

解疑答惑

小Q提问：上次我的朋友失恋来找我，我由于工作忙没能安慰她，现在她都不理我了，我该怎么办?

作者回答：你没能及时安慰你的朋友，这让她非常伤心。她会觉得你对她的事情不够重视，对你们之间的友谊不太重视。你可以先跟她道歉，并在以后的生活中多多关心她，相信你们一定会和好如初。

小Q提问：我一直是一个慢热型的人，虽然平时不苟言笑，很严肃，但是有很多朋友。为什么在大的社交场所，我总是不受重视、不受欢迎?

作者回答：因为在平时的交往中，有很多时间可以进行交流了解，这使你周围的人了解你之后，和你成为朋友。而在很多大型的陌生的社交场所人们没有太多时间了解你，就会被你严肃的外表“吓住”，不会主动和你亲近。这就是你刚开始不受重视的原因了。你需要在社交场所中变得更加主动、更加热情，多开口讲话。

拥抱优秀的对手，他会让你更优秀

优秀的对手，

是你更需要结交的人。

我是你的对手，但不是你的敌人

暑期我女儿在李阳疯狂英语当了一段时间的助教后，回家来给我背了她学到的一句话，让我感慨万分——I am your adversary，I am not your enemy（我是你的竞争对手，但我不是你的敌人）。

由她背的这句话我联想到无论是人生还是商场竞争中的较量，联想到人们对于“竞争”理解的剑走偏锋，联想到很多人因为竞争而陷入你死我活的误区，联想到商场中血光剑影的红海搏杀……我想分析的是，“竞争对手”与“敌人”的区别到底在哪里。我们应该从哪里改善自己的行为，找到发展自我的动力。

不止一位记者问过我：“你作为太阳能行业的老大，面对越来越多的竞争者，将会采取什么样的措施？”

不止一位我们内部的销售主管给我“上言”，要企业发动价格战，“血洗”行业。

我曾回答过他们：“低层次的打打杀杀搞价格战是不利于行业发展的，你跟低层次的选手搞竞争，自己也成了低层次，这样的竞争时间久了就没有了观众。必须逃离开混战的‘红海’，开辟自己的‘蓝海领域’才是上策。”

以上是被誉为“中国太阳能产业化第一人”的黄鸣关于竞争对手的观点。他说：“我更希望优秀的企业进入到太阳能行业，一起做大做强行业，净化太阳能行业的竞争环境。好企业希望有序竞争、光明竞争。好企业的加入更能促进行业的良性发展，这无论是对消费者还是商家、厂家，均是有利于长远发展的幸事！”

优秀的对手让你更优秀

“我是你的竞争对手，但我不是你的敌人。”但我们很多人把两者混淆了，把竞争对手当作自己的敌人，把优胜劣汰变成你死我活。其实，优秀的对手应该是值得你尊敬。向其学习的人，是一个人成功绝不能忽略、一个朋友圈里绝不能缺少的人。

心理学家米尔格拉姆说：“最能影响人们行为的因素就是，还有一个人也在场。”当蚂蚁在一起时，每只蚂蚁的平均挖土量是单独挖时的3倍；自行车选手在有伙伴的情况下，比单独一个人骑车时速度提高了30%。这就是和同伴一起工作时，因为面临比较评价压力而形成的一种刺激，源于“同侪压力”。所谓“同侪”，即一个人的同辈，可以是你的朋友，也可以是你所认识的其他人，甚至是泛指意义上的所有与你年龄相当的人。同辈的一言一行，有时会像无形的网一样罩着你，让你无法摆脱，并受其影响而改变自己的言行。

家长总是把自己的孩子和他的同学进行比较，尤其是喜欢跟他最好的朋友进行比较。比如考试的成绩排名、作业完成的速度、上课的表现，等等。而孩子们自己也会暗中较劲。

成绩不好、作业做得拖沓很可能意味着自己不如同伴聪明或不努力、不上进，这样的假设将会使每个学生都面临着自我否定和无法获得他人认同的风险，而他们也深刻地意识到自己的同伴正面临同样的风险，并且因此努力。所以大家就会形成一种相互比较、相互促进的积极氛围。

人在潜意识里都想强过周围的人，这种种的竞争，我们已经司空见惯。但是，如何跟你的对手处理好关系，使自己更胜一筹呢？秘诀就是，不要把对方放到对立面上，而要学会跟你的对手打交道。从他们身上，你可以学到更多。

感谢你的对手

1860年，美国总统大选结束后，林肯当选为总统。他任命参议员萨蒙·蔡斯为财政部部长。许多人反对这一任命。因为蔡斯虽然能干，但十分狂妄自大。他本想入主白宫，却输给了林肯。他认为自己比林肯要强得多，对林肯也非常不满，并且一如既往地追求总统职位。林肯的做法引起了一位官员的不满，他批评林肯不应该试图跟那些人做朋友，而应该“消灭”他们。

“当他们变成我的朋友时，”林肯十分温和地说，“难道我不是在消灭我的敌人吗？”林肯尊重他的对手，也赢得了对手的信任。最终，蔡斯成为一位出色的财政部部长，成了林肯最得力的助手。

正是因为对手的强悍才迫使我们闻鸡起舞，也正是因为对手的狡诈和卑鄙造就了我们的警觉之心。是对手和敌人让我们不断学习，是竞争对手和敌人的围追堵截使我们不断突破、不断变强。我们应像林肯一样，学会感谢自己的对手。

解疑答惑

小Q提问：我的同事每次效绩都比我好，我心里把他当成我的竞争对手。但是，我发现每次我跟他交流的时候，我都有敌意。我感到很惭愧，我该怎么办？

作者回答：把周围优秀的人当成竞争对手是很正常的事情，出于“同侪压力”，我们在潜意识里都会这样做。但是，你对对方怀有敌意，就是你没能正确认识你和对手的关系。我们要感恩对手，向对手学习，珍惜每一次跟他们过招和交流的机会。

小Q提问：我的竞争对手每次都用卑鄙的手段打击我，在微博上肆意损坏我的名誉。我本来是宽容大度的人，也想和对手保持良好的竞争状态，但是，实在是忍无可忍，我该怎么办？

作者回答：我们应尊敬值得我们尊敬的对手，但是，当面对你的对手对你恶意攻击时，你不妨在底线之内，对他以牙还牙。否则，宽容就会变成纵容。

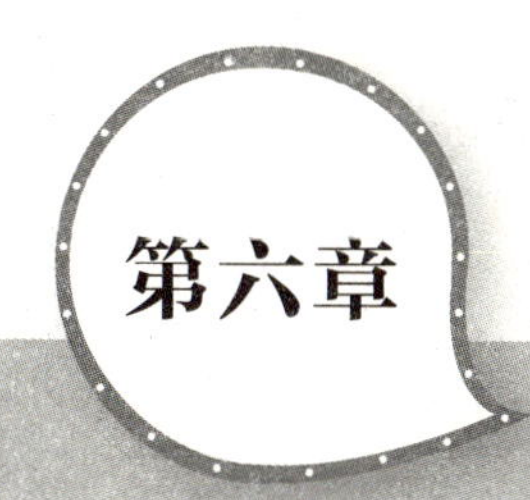

第六章

维护情谊小事不小

人类是最坚强也是最脆弱的感情生物，往往一个微末的细节就会造成心灵上难以修复的创伤，所以，在社会交往中，我们务必记住“小事成就大事，细节成就完美”。

座次，隐藏在社交中的“潜规则”

你所坐座位的朝向，

在很大程度上决定你和对方的交流能否顺利进行！

就餐礼仪，至关重要

一位重要客人到一个偏远小镇公干。通常情况下，是有接待资格的小镇名人A陪酒，但是那天A非常忙，接待方便让小镇上的B来当主陪（在此相当于主人，请客的最高地位者）。

主陪B担此重任十分开心，一来可以旁若无人地谈笑风生，二来可以随意决定酒局的进程。这对普通人来说或许不算什么，但是，对于这个有志结交这位重要客人的B来说就重要多了。因为这位客人还是主陪B的小学同学，他可不想在同学面前丢脸。

酒局进行得正热闹的时候，主陪A回来了。这意味着什么？“真主陪”回来了！而且，他一回来就朝主陪的位置走去。为了面子，“假主陪”B不愿意站起来。在足足站了五分钟之后，真主陪A在宾客的劝说下，坐到一个空位子上，而这个位子却是司机的位子。

这当然让爱面子的A感到憋屈，于是不肯喝酒，也不肯说话，甚至当着客人的面对“假主陪”发了火，B也气得甩手离开，这场酒局不欢而散。

坐向，可以拉近彼此的距离

在餐桌上，一个座位就代表一个身份，马虎不得。如果你不清楚这些规矩，一旦坐错了坐向，很容易招来反感。所谓坐向，就是你所坐座位的朝向，坐向在很大程度上决定了你和对方的交往能否顺利进行。

按现代礼仪规定，就餐的座次是面朝大门为尊，以在主人身边右侧为尊，并以靠近主人远近来确定尊卑。如果按数字从小到大定义尊卑的话，那就是，坐在正对大门的位置为主人，右边依次为1，3，5，7……，左边依次为2，4，6……直至会合。倘若是家宴，坐在首席的肯定是辈分最高的长者，坐在末席的是辈分最低的晚辈。如果不正对大门，则面东的一侧右席为首席。

在社交场合中，难道连坐向这样“无聊”的细节都有可能破坏交际进程？

你不必怀疑，许多心理学家都指出了这样一个问题：座位的朝向不同能引起就座者内心感受的起伏变化，这就是心理学上的坐向效应。在人际交往中，“默默无闻”的“坐向效应”无时无刻不在发挥着巨大的影响力。

在一次大型聚会中，一位评论型电视节目的制作人与一位心理学家开始交谈。心理学家了解到，这个电视节目中找来的评论者，都是一时之选。最让人难以置信的是，节目总是缺乏论辩高潮，每次都草草收场。这位制作人很希望节目能够办得更出色一点。于是，心理学家给了他一个很好的建议：改变座位的设置方式。也就是说改变一下每个论辩者的坐向，由以往的横排而坐，改成两人相对而坐。

节目制作人抱着试试看的态度把座位做了调整。令人意想不到的是，此后，每期节目都能掀起热烈的辩论高潮。没多久，这档节目的收视率大幅上升。

所以，如果你还不注意坐向礼仪，那就大错特错了。就连坐车也有很多礼仪。下面这个笑话就源于人们对坐向礼仪的重视。

罗马教皇在一次出国访问期间，需要参加一个重要的会议。当天一早，司机就来到教皇下榻的酒店迎接。经过一个晚上的休息，教皇心情大好，突然想过一把开车的瘾，就和司机互换了位置，自己开车载着司机去了会场。会场外，早就有人列队欢迎。但是，在教皇下车的那一刹那，一位工作人员突然神情慌张地跑去找大会负责人，汇报说："坏了坏了，还有一个大人物没有安排呢！"负责人赶紧问："什么大人物啊？"工作人员说："不知道，他与罗马教皇一起来的。"还是罗马教皇亲自当司机呢！"

这位工作人员为什么会有如此的反应呢？那是因为，在吉普车中，副驾驶为上座。车上其他位次由尊而卑依次是：后排右座，后排左座。

有专职驾驶员时，以后排右车窗位为首位，左车窗位次之，中间位再次之，前排右侧位为最末。倘若是主人亲自驾车，那么，前排右侧为首位，后排右车窗位次之，后排左侧位再次之，中间位为最末。如果车上有女性或年长者，无论其地位尊卑，均应安排在副驾驶座后面座位；女性乘客，除非她自愿外，一般不宜安排在前排位就座，也不应安排后排中间位就座，以示尊重。

让你的坐向更合礼仪

那么如何才能用改变坐向的方式，拉近彼此的距离呢？相信下面几个具体的社交细节可以帮到你。

1.正常沟通时，侧身而坐或者取直角位置。当我们与陌生人正常沟通时，要避免与对方相对而坐，应当侧身或取直角的位置入座，不要让对方感觉到这是压迫式的训话，要让他们感受到这是友好的交流。

2.在赞美人时，横向或倾斜交叉而坐。在赞赏他人时，一定要横向或倾斜交叉而坐，让对方感受到他的努力和成就受到了你的注意和重视，感受到你态度的诚恳。

3.安慰人时要并肩而坐。如果对方需要你的安慰，你就要坐在他身边，给他以关怀、温暖的感受。并且每个人在需要安慰时，心理防线都很脆弱，你坐在他旁边，稍加安慰几句，对方很快就能将你当作可以依赖的朋友。

通过选择正确的坐向拉近与对方的距离，也可以借此来推断对方对你的态度是亲还是疏。坐向礼仪是人际交往里的“潜规则”，绝不可忽视。

解疑答惑

小Q提问：上次请客户吃饭，我想跟客户近距离交谈，就坐在了离客户很近的位置。结果我跟客户签了订单。但是，老板很生气，不知道是不是我在饭局上占了他的位置?

作者回答：你确实没有按传统的礼节坐座位，在饭局上，每一个人根据身份的不同会有不同的位置。你坐了老板的位置，虽然拿到了订单，但是也得罪了自己的老板。以后在饭局上你一定要注意礼节，不要再犯同样的错误。

小Q提问：我要跟男朋友回家去拜见未来的公婆，必然是要吃饭的，我不清楚餐桌礼仪，比如座次什么的，我该注意些什么呢?

作者回答：拜见自己未来的公婆也算是人生中的一件大事，需要注重礼节，给未来的公婆留下好印象。说到座次，当然是长辈坐在正北方，也就是他们家最有资格的人，比如爷爷、奶奶。然后，根据辈分依次往后。其实，这算是家宴，只需要稍微注意一下礼仪就行，太拘谨反而不好。

握手，交际的第一礼仪

万人丛中一握手，

使我衣袖三年香。

历史性的握手

1979年1月1日，中美正式建交。1972年年初，周恩来总理要做一件大事——接待中国长期视为敌人的美国总统尼克松。此次接见尼克松，既要不失中国尊严，又要不乏友好，是挺有难度的一次外交活动。

1972年2月21日上午11点，尼克松的专机出现在北京机场的上空。记者们屏声静气，紧张地等待着中美两国领导人的历史性握手！

当尼克松的专机缓缓降落在北京机场以后，舱门被打开，第一个出现在门口的是满面笑容的尼克松，接着是他的夫人。尼克松步子很快，他一会儿招手，一会儿鼓掌，在离地面还有三四级台阶的时候，手就笔直地伸向2~3米开外的周恩来。周恩来不卑不亢，面带笑容，等待着这只从太平洋彼岸伸过来的手。

两人握手长达一分钟。

周恩来说："总统先生，你把手伸过了世界最辽阔的海洋和我握手，25年没有交往了啊。"

尼克松也很感动地说："我感到很荣幸，终于来到了你们伟大的国家。”

这次震惊世界的握手，使双方克服了无数政治隔阂、跨越了巨大文化差异。这样，中美两国结束了二十多年的对抗，两国关系开始走向正常。

握手，是社交圈的一门学问

在国际上，哪怕是一个小小的举动都有可能影响到国与国之间的关系，甚至是世界的局势。所以国际的礼仪十分重要。而握手，是所有礼节中最基本的礼节之一。握手在不同国度、不同文化下有着不同的含义。其实，握手在社交中也是一门大学问，它能在关键时刻起到至关重要的作用。

握手已经成为人们基本的问候方式，是交际礼仪的一部分。握手的力量、姿势与时间长短往往能够表达出不同礼遇、态度，以及个性，给人留下不同的印象。另外，通过握手可以了解到对方的个性，从而赢得交际的主动。虽然握手有许多好处，但很多时候，人们往往忽视握手的重要性。因为在不同的文化地区有不同的握手礼仪，当中也蕴藏着复杂的信息。

在一次接待某省的考察团到访的任务中，小王因与考察团团长熟识，被指派为主要迎宾人员陪同部门领导前往机场迎接贵宾。当考察团团长率先领导其他工作人员到达后，小王面带微笑热情地走上前，先于部门领导与团长握手致意，表示欢迎。这时候，小王的领导开始面露不悦。

握手有很多讲究，不仅要看当地的文化传统，还要看具体的气氛。掌握正确的握手方式可不是一件简单的事。

正确的握手方式

怎样握手？握多长时间？握手的力度多大？这些都非常关键。

1.正确的握手顺序。当我们与多人同时会面时，正确的握手顺序是：主人、长辈、上司、女士主动伸出手，客人、晚辈、下属、男士再相迎握手。假如男性的年纪最大，是女性的父辈年龄，在一般的社交场合中仍以女性先伸手为主，除非男性已是祖辈年龄，或女性在20岁以下。但无论什么人，如果他忽略了握手礼的先后次序而已经伸了手，你都应不迟疑地回握。

2.正确的握手手法。握手时，应离受礼者保持约一步的距离，上身略向前倾，两足立正，伸出右手，四指并拢，拇指张开。掌心应向里，而不是向下。掌心向下握对方手的人，表示他是一个具有强烈支配欲的人。他是想告诉别人，此时自己处于高人一等的地位。应该尽量避免这种手法。

3.握手力度要适中。握手的力度要适中，太轻，对方会觉得你在敷衍他；如果太重，人家在疼痛的同时，会觉得你是个“大老粗”。

4.握手时间要短。正常情况下，握手的时间以1~3秒为宜，千万不要一直握住别人的手不放。男士与女士握手，或是与大人物握手，时间应控制在1秒钟左右。

5.正确表示你的真诚。如果要表示你的真诚和热烈，也可较长时间握手，并上下轻微小幅摇晃几下。

此外，我们还须懂得一条基本礼仪，那就是在任何情况下，拒绝对方主动要求握手的举动都是不合时宜的。恰当地握手，可以向对方展现自己的真诚与自信，也是接受别人和赢得信任的绝佳机会。

解疑答惑

小Q提问：朋友给我介绍了一个对象，第一次见面我主动跟女方握手，但是女方却把手缩回了口袋。这让我十分尴尬，就没跟她交往。朋友说我小气，我心里不痛快，这是我的错吗？

作者回答：你主动跟对方握手是出于你的礼貌，你由于对方的不礼貌而拒绝对方，也无可厚非。我们都知道初次见面跟人握手确实是一个好习惯。但是握手并不是这么简单。在与女性握手时，也有一些注意事项。男士与女士握手应该让女方先伸手，如果女方没有握手之意，男方可点头或鞠躬。所以，你没能注意到这些握手的细节，或许让对方产生了一丝顾虑。

小Q提问：我约见一位客户，由于天冷我戴着手套，握手的时候也没有摘掉。后来没能跟客户达成协议。听老板说，客户说我不懂礼节。难道戴手套就是不懂礼节吗？

作者回答：拜访客户，礼节十分重要。在握手的时候，我们往往忽略了细节，戴手套握手就是一种不礼貌的行为。握手有“三不戴”，即不戴帽子、不戴手套、不戴墨镜。显然，你是不了解这些握手的礼仪。其实，只要你平时多注意，还是能做到受人欢迎的。

在人际交往中，要注意细节

一个影响至为深远的决定，
系于唯一的一个时期，
唯一的一个小时，
常常还只系于一分钟。

我们真回不到以前了吗？

有件事困扰我已经大半年了，我怎么也想不通。我们宿舍有八个兄弟，大家关系都不错，我跟王风走得更近一些。王风电脑玩儿得好，有时饭都顾不上吃，更别提学习了。我就常催他按时去吃饭，考试前他也总找我帮他复习功课。

大二的一次考试前，我正焦头烂额地在自习室复习，突然收到王风的短信："你在哪儿？"我知道他又找我帮他考前突击复习。当时我真是自顾不暇，于是就回复他："现在特忙，自己都顾不过来了。"发完这条短信后，我压根儿没当回事，继续复习。晚上回到宿舍后，我依然像往常一样和大家有说有笑。可当我跟王风打招呼时，他却看都不看我一眼，像没听到一样。我想可能他心情不好，也没在意。等我洗完脸回来，准备在他床边跟他说一件有意思的事情时，他偏偏歪在一旁摆弄收音机，仿佛我根本不存在。我有点蒙了：他真的生气了？

接下来的几天我一直主动跟他说话，甚至私下问他是不是生气了。他依然对我不理不睬的。有时候我问烦了，他就回一句："别磨叨了行不行？我啥事没有。"接下来的日子，我们之间就一直这样，我在他面前好似空气。真不明白，这几年的友谊就因为这么一件小事没了吗？看见我很苦恼，其他兄弟也安慰我："没事的，他就那样，别跟他一般见识。"

本来挺好的关系就因为一件小事突然变得尴尬起来。只要王风一回宿舍，我的心就莫名其妙地堵得慌。他和兄弟们兴高采烈地聊什么时，我也不插嘴，自己在一边待着。时间一长，我有了一种被人孤立的感觉。

他过生日那天，王风邀请大家出去吃饭。他瞅着其他人说："大家一起走啊……"当时我就在旁边，可他看都没看我一眼。别的兄弟拽我一起去，我先说"吃过了"，大家一定要我也去，拗不过，我就一同去了。而王风自始至终什么都没说。席间，他和大家挨个喝酒，唯独没有和我喝。我感觉自己很多余。

之后，我几乎夜夜失眠，总是在纠缠一个问题——是不是自己有不对的地方，可却想不明白他怎么能这么对我。这大半年其实细想想也是有点交往的。比如，有时候我接到找他的电话，也会转告给他，他也会多问两句，这可能就是我们最多的交流了。想起这些零星的交往，多少会让我心里好受一些，只是转瞬即逝。我们真回不到以前了吗？我到底做错了什么？

细节，有时是最关键的原因

这是李强对一位心理医生陈述的自己的困惑。

李强的所有问题和苦恼有一个共同点——琐碎。对琐碎事务的执着追求恰恰磨损了男儿气质，也磨损了他和王风之间的友谊，过多地沉溺和敏感于交往中的小事，让他深感痛苦、力不从心。要知道，别人喜欢我们是他的自由，不理我们也是他的自由，别人误解我们那就给他理解的机会。所以说别人如何看待我们、如何对待我们，完全是他权利范围内的事。当你把做人的权利还给他时，你心情与命运的开关也就不会握在他人手里了。

在人际交往中尤其要注意的就是细节，我们忽略的细节，在某一天这一细节也许就能起到决定性的作用，好比蝴蝶效应，引发大的冲突。所以，一个人想拥有良好的社交关系就不能放过任何细节。

通过细节赞美他人

克莱斯勒公司为罗斯福总统制造了一辆汽车，因为他下肢瘫痪，不能使用普通的小汽车。工程师将汽车送到白宫，总统立即对它产生了极大的兴趣：“我觉得简直不可思议，只需按按钮，车子就能跑起来，真是太奇妙了！”

他的朋友们也在一旁欣赏汽车，总统当着大家的面夸奖：“我真感激你们花费时间和精力研制了这辆车，这是件了不起的事。”总统接着看了车的散热器、车灯等。

他提到了车的每一个细节，并坚持让夫人和他的朋友们注意这些装置。这些具体的赞美，让人感到了他的真心和诚意。

细节的赞美还适用于外表。比如，眼睛明亮，脸形好看，面带福相，气质儒雅，高贵洋气，身材苗条……我们可以从他人的相貌、服饰等各方面寻找具体的点，然后给予评价。

20世纪70年代，有一次，毛泽东在接见尼克松的女儿、女婿时，毛泽东问尼克松的女婿为什么老看着他，尼克松的女婿回答说："我觉得您脸的上半部分长得很好看。"毛泽东听后哈哈大笑，他们的会面就在愉悦的气氛中进行着。

尼克松女婿的聪明之处在于，他没有笼统而抽象地说，"毛先生真伟大、了不起……"，而是抓住了"脸的上半部分"这一细节，自然显示出赞美的真诚。

当一个人的局部被赞美时，其内心深处会产生一系列的变化：他会更注意自己被赞美的部分，然后自我求证，也会因为你的夸奖而更愿意亲近你，跟你说话、交朋友。

大事，必做于细

海尔总裁张瑞敏先生在比较中日两个民族的认真精神时曾说过下面一段话。

"如果让一个日本人每天擦六次桌子，日本人会不折不扣地执行，每天都会坚持擦六次；可是如果让一个中国人去做，那么他在第一天可能擦六次，第二天可能擦六次，但到了第三天，可能就会擦五次、四次、三次，到后来，就不了了之。

有鉴于此，他表示：把每一件简单的事做好就是不简单；把每一件平凡的事做好就是不平凡。

当今社会上“差不多”先生比比皆是。好像、几乎、似乎、将近、大约、大体、大致、大概，等等，成了“差不多”先生的常用词。就在这些词汇一再被使用的同时，生产线上的次品出来了，矿山上的事故频频发生了，社会上违章犯纪、不讲原则的事情也屡禁不止。

其实为人处世与职业行事也是同样的道理。

解疑答惑

小Q提问：我和同学的关系总是处不好，周围的人好像都不喜欢我。有的人一见到我就掉头走开；有的人还在背后嘀嘀咕咕议论我。周围的人为什么不喜欢我？

作者回答：你的苦恼主要表现在人际关系方面，同学关系处不好，不被别人接纳，认为大家都不喜欢自己，并为此心烦。一方面你有与同学处好关系、被他人信任和尊重、被别人喜欢的愿望；另一方面又缺乏必要的知识。因此，建议你学习和掌握一些人际交往的基本原则和必要知识，同时冷静地从自己的为人态度、性格特征、思想观念等方面找找原因，也可态度诚恳地主动找几个同学聊聊，请他们帮自己找找原因。

小Q提问：由于自己爱计较，也就是有些“小心眼儿”，往往为了一点小事生气，在与同学的交往过程中经常闹别扭，自己也总想着那些细枝末节，放不下。我自己也不想这样，但又不知道该如何改变？

作者回答：小心眼儿的人，多半是神经系统过于敏感，杞人忧天，小题大做，庸人自扰。小心眼儿的人往往患得患失，吃一点亏就如鲠在喉；特别计较别人的一言一行，总感到是针对自己的。你要避免“自我中心”，缩小“自我”，不要凡事都先想到自己，一旦触及自己就觉得别人是有意针对自己，即使确是针对你而来的，也不妨“左耳进，右耳出”，免得烦心。此外，你要充实自己的知识、开阔眼界，因为人的“心眼”与其知识、修养有密切联系。

重视你周围的人，朋友圈才能更圆融

哪怕把用在自己身上的一半精力，

分到别人身上，

也会有不小的收获。

重视跟你交谈的那个人

威廉·利昂·菲尔普斯幼年时到姨妈家度周末。这天晚上有位中年男客来访，跟姨妈寒暄完，他便和菲尔普斯聊起来。

那时候菲尔普斯非常热衷玩帆船，那位先生好像也对帆船很感兴趣。所以，整个晚上，他们从“轻帆船”说到“三角帆”“纵帆”，然后他们一直以帆船为话题，两人很快成了好朋友。

这位客人走后，菲尔普斯向姨妈赞赏这位先生：“这个人真厉害，他知道那么多关于帆船的事儿，他跟我一样，那么热爱这项运动。”

姨妈说：“他根本不是什么帆船专家，而是一位纽约的律师，而且对帆船一点也不感兴趣。”

“那他为什么一直都在跟我谈帆船呢？”

“因为他觉得你对帆船感兴趣，就谈一些会使你高兴的事。”

菲尔普斯这才恍然大悟。直到长大之后，他还时常想起那位友好的律师，为了他，谈了一晚上的帆船。

考虑他人，也展现你的气度

威廉·利昂·菲尔普斯是美国著名的教育家、文学评论家和演说家。可以说，这段谈话对少年时期的他影响颇深。这位律师能够顾及一个孩子的感受，谈论一晚上自己不喜欢的话题，这无疑获得了菲尔普斯的好感和尊敬。

其实，在交谈中你是否对谈话内容感兴趣并不重要，重要的是你的听众是否对谈话内容感兴趣。我们都会有这样“被重视”的心理需求。即便话题与自己密切相关，如果对方不在意，自己也会觉得这样的交流索然无味。

当你与人谈话时，请谈论对方，并且引导对方谈论他们自己。这样你就可以成为最受欢迎的谈话伙伴。

美国陆军名将麦克阿瑟以西点军校第一名的成绩毕业。他的成绩是西点军校创办一百年来最好的，总平均成绩超过98分。他因优异成绩被任命为上尉，被称为“麦帅”。

尽管这位将军颇受争议，但是，他的风度却让人敬服。

1941年11月，美国有位叫刘易斯的中将，去菲律宾出任麦克阿瑟的航空队司令。他回忆说，自己刚到旅馆，就被邀请到麦克阿瑟的房间，受到了将军非常热情的招待。

麦克阿瑟拍着他的背，把胳膊放到他的肩上说：“刘易斯，我等你很久了。知道你要来我真是太高兴了。我、马歇尔和阿诺德一直在谈论你……”

于是，这次见面给刘易斯留下了极为深刻的良好印象。

获得他人尊重和信任的最好办法就是用同样的态度对待别人。你在考虑他人感受的同时，也展现了自己的气度，赢得了人心。

平等待人才更受欢迎

心理学家研究发现，精神病患者称“我”的次数比正常人要多上12倍。这并不是说爱讲“我”字的人都有患精神病的倾向，只是为了说明，在谈话时，总是“我，我……”不断的人，都喜欢沉浸在自我的世界里，眼中只有自己，很少在意他人与外在世界。这样的人，要想有良好的人际关系是很困难的。

如果你留意过善于沟通的高手，就会注意到，他们在谈话中更多地使用的是“你”，而不是“我”的称呼。心理学家解释说，越少使用“我”这个字，越会传达给对方“我希望多了解一下你”的信息。

诺贝尔文学奖获得者萧伯纳到苏联访问期间，在住处附近散步时偶遇了一个聪明活泼的小女孩。这个小女孩向萧伯纳讲了许多关于这个城市的故事。当小姑娘准备离开时，兴致颇好的萧伯纳随口说了一句：“回家告诉你妈妈，今天和你一起玩的是世界著名作家萧伯纳。”

小女孩听完，也学着萧伯纳的语气说道：“回去也告诉你妈妈，今天和你玩的是美丽的喀秋莎。”这件事让萧伯纳深有感触。即使是一个孩子，在内心中也是渴望被平等对待的。

要想在心理上把彼此的距离拉近，就要在思想上把对方的人格与自己的人格平等看待。在与人交往时，越是将自己看得很重，自己的受挫感越强。当你做到了平等待人，你就会发现自己就是那个最受欢迎的人。

解疑答惑

小Q提问：我的朋友是独生子女，从小“为我独尊”。她从不说他人的优点，专挑别人的毛病，说话经常不顾及别人的感受。我想给她提点意见，我该如何开口呢?

作者回答：你要劝说你的朋友改掉自私的毛病，做事多考虑他人的感受，可以从以下几点入手：一是告诉她把注意的焦点多放到对方身上；二是说话做事三思而后行；三是学会赞美别人。只要你的朋友能够从这三方面进行改进，相信她会有所转变的。

小Q提问：每次下班出去吃饭，同事都叫我跟他们一起去。但是，我本身经济压力特别大，不想去高档消费区。每次我不去，都有人说三道四。我很困惑，我到底该怎么办?

作者回答：你的同事确实没有顾及你的感受。但是，这也可以看出你在这个朋友圈混得并不好。要想获得别人对你的尊重，你也要反思一下，是不是自己对同事不够关注，缺乏跟他们的交流。如果你们能多交流，你的同事了解到你的情况后，就会与你和睦相处，也就不会再为难你了。

选对情境，让交流更顺畅

找到共同的情境，

让双方因“共同”产生亲近、熟悉的感觉。

关注他感兴趣的事

世界上卖出汽车最多的业务员乔·吉拉德有一套很不平凡的本事。那就是，他对那些看上去有一些腼腆的看车人，往往会主动说：“我有一项特殊的本领——能看出一个人的职业来。”

这时候，看车人会感兴趣地答话。如果对方不答话，吉拉德就接着进攻：“哦，我敢打赌，您是一位律师。”在美国，律师是受人尊敬的高薪职业，即使是错了，看车人也不会生气。因为他觉得在吉拉德眼里，他是受人尊敬的人物。

“不，不是。”看车人说。

“那么，您是做什么的呢？”

“你不会相信的，我是一个屠夫。”这时，看车人脸上会露出一丝羞涩，“我每天都在宰牛。”

“哇，太棒了！”吉拉德激动地说，整个人看起来相当兴奋，“长期以来，我都在想，我们吃的牛肉到底是怎么来的。如果你方便的话，可以带我去你那里看看吗？”

吉拉德说的时候，是真的想去看，而并不是敷衍客户。于是他们热烈地讨论起参观杀牛的事情。20分钟后，看车人完全被吉拉德感染，自然就买下了车子。

找到兴趣点，营造好气氛

乔·吉拉德的方法其实很简单，就是巧妙地抓住对方的兴趣点，然后有针对性地“进攻”，最后顺利打开对方的心扉。发掘对方的兴趣点非常重要，因为两个陌生人之间的交谈热情并不能保持很长时间，而维持交谈的主要因素就是浓厚的兴趣，从而引起对方的共鸣。如果你善于发掘兴趣点并掌握谈话方向，将很容易达到你的目的，甚至通过一面之缘将对方变成你的好朋友。

乔·吉拉德的成功模式也是可以被复制的，这听上去是不是很有诱惑力？你不用怀疑，我们现在就用事实来向你证明。

日本作家多湖辉在《语言心理战》一书中写了一件有意思的事。

被誉为“销售权威”的霍依拉先生的交际诀窍是：初次交谈一定要扬人之长，避人之短。

有一回，为了替报社拉广告，他拜访梅伊百货公司总经理。互相问好之后，霍依拉突然没有任何征兆地问：“听说您会开飞机？您是在哪儿学会开飞机的？总经理能开飞机可真不简单啊！”话音刚落，总经理兴奋异常，立马跟他谈了起来，广告之事当然不在话下。后来，霍依拉还被总经理邀请去乘他的自备飞机。

可见，每个人都有长处，只要你把说话的重点放在他的长处上，沟通就不再是问题。

情境对了，就好沟通了

沟通必然是在一定的情境中发生的，如果人不是沟通不善的原因，那么情境就脱不了关系。

心理学家勒温明确指出，科学的心理学必须讨论人的整个情境，即人和环境的状态。情境，从广义来说，是指影响个体行为的变化（产生行为或改变行为）的各种刺激（包括物理的或心理的）所构成的特殊情境。生活在社会中的人们，其各种观点、理念，都是从这个情境中学来的。

A是一家外贸公司的公关部经理，当某项活动的策划方案出来后，他需要交给总经理审阅。但是，每一次和总经理沟通时，总经理都是坐在他那高高在上的椅子上，身体死死地靠在椅背上，仰着头眯着眼和自己说话，从来不是端端正正地坐在那儿和他交谈。这让他感觉自己就是听从命令而来的。

这种不舒服的感觉，让A即使有不同意见，也不再说出来。而有时总经理还会临时改变策划方案，这让A及所在团队倍感措手不及。有一次甚至所有人为了赶策划连续准备了38个小时没有回家。

这样的沟通环境让A倍感压力，他的很多手下因为受不了而辞职了，最终他也选择了离开。

交流的情境让A感到不舒服，而他也没有找到积极改善的方法，这就注定了最终彼此分飞的结局。可见，良好的情境对沟通是多么重要。

另外，如果沟通双方拥有很多相似之处，那么相互吸引也比较容易，也更能促进双方关系的发展。

刘伯承和叶剑英两位军中元帅，曾共同在苏联学习。但刚开始彼此并不知道对方也在。当叶剑英来拜访刘伯承时，刘伯承愣了很久才说道："啊，剑英，什么风把你刮来了？"叶剑英紧紧握住刘伯承的手说："我最近才知道你在这里学习，所以迫不及待地来看你，请恕我冒失之过。"说完之后两个人哈哈大笑，高兴之情不言而喻。

学完回国之后，两个人又在上海为苏区红军翻译苏联红军步兵战斗条令和政治工作条例等；后来，两个人都担任过红军总参谋长和红军学校校长；抗战时期，叶剑英担任八路军参谋长，刘伯承任129师师长；后来，两位军帅又分别担任南京市、北京市市长。

两位军帅的各种相似的经历并不是领导者刻意安排的，而是当时历史任务的要求。但这种巧合同时造就了两人的深厚友谊。这便是情境相似相惜的作用。

解疑答惑

小Q提问：我第一次约女孩吃饭，地点选在了离家比较近的一家酒吧。结果人家没跟我聊上几句就说有事走了。然后就把我甩了。真不知道这是为什么？

作者回答：你第一次约女孩吃饭怎么会选在酒吧呢？如果对方喜欢酒吧的氛围倒也合适。你的理由是：离家近。酒吧是休闲娱乐的场所，你应该选择更加合适的场所约会。在交流过程中，周围的环境是十分重要的，这可能决定了对方对你的第一印象。这也是别人评判你的品位的一个标准。相信只要你以后注意社交场所的选择，还是可以交到女朋友的。

小Q提问：我新交了一个同行，打算跟他有业务上的合作。但是每次打电话都觉得直接说出我的目的太功利了，会给对方留下不好的印象。我该怎么跟他交流呢？

作者回答：其实，当怀着某种目的跟人打交道时，你会不自觉地变得紧张。你可以从对方感兴趣的话题，或者你们之间的相似点开始进行交流。然后在融洽的氛围中委婉地提出你的请求。这样，成功的概率才会更大。

微笑，扫除第一重交流障碍

请记得微笑，

因为它是沟通心灵的金桥！

价值百万美金的笑

他把微笑分为39种，对着镜子苦练。曾经在对付一个极其顽固的客人时，他用了30种微笑。他的微笑被人们誉为“价值百万美金的笑”。他，就是原一平！

23岁那年，原一平离开家乡，到东京闯天下。第一份工作就是做推销，但是碰上了一个骗子，那人卷走保证金和会费就跑了。

1930年3月27日，对于还一事无成的原一平来说，这是个不平凡的日子。27岁的原一平揣着自己的简历，走入了明治保险公司的招聘现场。主考官瞟了一眼面前这个身高只有145厘米、体重50千克的“家伙”，抛出一句硬邦邦的话：“你不能胜任。”

原一平惊呆了，好半天才回过神来，结结巴巴地问：“何……以见得？”

主考官轻蔑地说：“老实对你说吧，推销保险非常困难，你根本不是干这个的料。”

原一平被激怒了，他头一抬：“请问进入贵公司，究竟要达到什么样的标准？”“每人每月10 000元。”

“每个人都能完成这个数字？”

“当然。”

原一平不服输的劲儿上来了，他一赌气：“既然这样，我也能做到10 000元。”主考官轻蔑地瞪了原一平一眼，发出一阵冷笑。

在最初成为推销员的七个月里，他连一分钱的保险也没拉到，当然也就拿不到分文的薪水。为了省钱，他只好上班不坐电车，中午不吃饭，晚上睡在公园的长凳上。

然而，这一切都没有使原一平退却。他依旧精神抖擞，每天清晨5点起床从“家”徒步上班。一路上，他不断微笑着和擦肩而过的行人打招呼。有一位绅士经常看到他这副快乐的样子，很受感染，便邀请他共进早餐。尽管他饿得要死，但还是委婉地拒绝了。当得知他是保险公司的推销员时，绅士便说：“既然你不赏脸和我吃顿饭，我就投你的保好啦！”他终于签下了生命中的第一张保单。更令他惊喜的是，那位绅士是一家大酒店的老板，帮他介绍了不少业务。

从这一天开始，否极泰来，原一平的工作业绩开始直线上升。到年底统计，他在9个月内共实现了16.8万日元的业绩，远远超过了当时的规定。公司同人顿时对他刮目相看，这时的成功让原一平泪流满面，他对自己说：“原一平，你干得好，你这个不吃中午饭，不坐公车，住公园的穷小子，干得好！”

相信微笑的力量

原一平除了自信和百折不挠，就是乐观。他用微笑面对所有人，在生活中传递微笑。也正是他的微笑，使机会从天而降。

微笑，是一个和善的信号，可以缩短心灵之间的距离，消除误解、疑虑和不安，使他人有一种被尊重的感觉，满足他人最大的心理需求。这就是心理学上的“微笑效应”。微笑往往会给人乐观向上、自信的印象，容易让人产生信任感。

旅店帝王希尔顿一文不名的时候，他的母亲就告诉他，必须找到一种简单容易、不花本钱而行之长久的办法去吸引顾客，方才能成功。希尔顿最后找到了这样东西，那就是微笑！依靠“今天你微笑了吗”的座右铭，他成为世界上最富有的人之一。

可见，微笑的力量是无穷的。即是你是一个不苟言笑、表情呆板的人，你也不用担心，因为微笑可以学习。

学习微笑，掌握微笑的技巧

在社交活动中，我们需要有意地锻炼自己，掌握微笑的技巧，从而更好地去表现自己。

1.要笑得自然。微笑是美好心灵的外现，微笑需要发自内心才能笑得自然，笑得亲切，笑得美好、得体。切记不能为笑而笑，没笑装笑。

2.要笑得真诚。人对笑容的辨别力非常强，一个笑容代表什么意思，是否真诚，人的直觉都能敏锐判断出来。所以，当你微笑时，一定要真诚。真诚的微笑让对方内心产生温暖，引起对方的共鸣，使之陶醉在欢乐之中，加深双方的友情。

3.微笑要看场合。微笑使人觉得自己受到欢迎、心情舒畅，但对人微笑也要看场合，否则就会适得其反。如当你出席一个庄严的集会，去参加一个追悼会，或是讨论重大的政治问题时，微笑就不合时宜，甚至招人厌恶。当你同对方谈论一个严肃的话题，或告知对方一个不幸的消息时，或是你的谈话让对方感到不快时，也不应该微笑。因此，微笑一定要分清场合。

4.微笑的程度要合适。微笑是向对方表示一种礼节和尊重，我们倡导多微笑，但不建议你时刻微笑。微笑要恰到好处，比如当对方看向你的时候，你可以直视他微笑、点头。对方发表意见时，一边听一边不时微笑。如果不注意微笑程度，笑得放肆、过分、没有节制，就会有失身份，引起对方的反感。

5.微笑的对象要合适。对不同的交际对象，应使用不同含义的微笑，以传达不同的感情。尊重、真诚的微笑应该是给长者的，关切的微笑应该是给孩子的，暧昧的微笑应该是给自己心爱的人，等等。

解疑答惑

小Q提问：我不喜欢酒席社交，但每次跟老板出去应付酒席我都不得不强颜欢笑，这使我内心很痛苦，我该怎么办?

作者回答：你要对酒场有一个客观的认识。应付酒场是现代社交的主要方式，很多生意都是在酒桌上达成协议的。很多人都不喜欢酒场，但是能应付自如并达到自己最初的目的。酒场背后不仅仅是利益的交换，还是结交朋友、扩充人际关系的好机会。至于如何利用酒场，就要靠你的社交技能了。

小Q提问：我是一个特别开朗的人，也特别爱笑。别人讲什么样的冷笑话我都哈哈大笑。朋友说我有时候笑得太夸张、太假了。难道笑还有什么礼仪吗?

作者回答: 性格开朗又爱笑对你的社交是很有帮助的。但是，笑也分很多种，也要注意场合。其中很重要的一个原则就是你的笑要自然、真诚。如果笑得太过夸张或太过僵硬就会让人觉得你不真诚、另有目的，或者你只是在敷衍对方。这样的笑还不如不笑。

积极参与，使你与他人之间更融洽

一个人的努力，

甚至几个人的努力都可能是徒劳的，

最好的办法是全体参与。

全体都要参与进来

20世纪70—90年代，日本汽车大举打入美国市场，势如破竹。1978—1982年，福特汽车销量每年下降47%。

1980年，受日本汽车的冲击，福特汽车出现了成立以来的第一次亏损，这也是当年美国企业史上最大的亏损。短短三年亏损总额达到了33亿美元。与此同时，福特汽车内部工人的不满情绪与日俱增，举行了多次罢工。当时的生产完全陷入瘫痪状态。面对这两大压力，福特公司却奇迹般地在五年内扭转了局势。

从1982年开始，福特公司实行“全员参与制度”，鼓励员工参与公司事务的管理。福特公司这样做的目的就是加强内部合作性和投入感。经过数年的努力，福特公司成功将工会由对立面转为联手人，化敌为友，这才使福特有了大转机。

目前，福特公司内部已经形成了“员工参与制度”。这使员工的投入感、合作度不断提高。福特现在一辆车的生产成本降低了195美元，大大缩短了与日本企业的差距。

“全员参与制度”的主要内容是，将所有能够下放到基层管理的权限全部下放，不断征求员工们的意见。由于这次改革激发了员工的参与意识，员工的独立性和自主性得到了尊重与发挥，积极性也随之高涨，从而提高了工作效率。

你在朋友圈中的“卷入度”有多大?

其实，在福特公司内部，员工参与的程度直接影响事件“卷入度”的高低。“卷入”即吸引进去，“卷入度”就是吸引进去的程度。“卷入”可以理解为对某个活动、某个事物、某个产品与自己的关系或重要性的主观体验状态。

只要是与自己有关的事情，我们每个人都有强烈的参与意识，都有一种“想了解更深”和“想参与其中”的欲望。强化朋友圈中的任务与朋友圈中成员的关联性，就会促使人们产生一种主人公意识，心甘情愿地为群体付出。

以群体为单位的奖励制度也是提升任务“卷入度”的有效手段之一。

在美国男子职业篮球联赛里，一支球队中的主力队员表现好，他就有可能为球队带来最终的胜利，成为所有球队中的总冠军。对于这个主力球员而言他将获得最佳球员的荣誉，而队伍中的其他球员也会获得总冠军的戒指，并且会因此而提高身价。因此，每个球员都会向主力球员一样卖力地打球，于是使实现总冠军的梦想成为可能。

只有当任务及其结果对每个人都有重要意义时，整个朋友圈才能得到整体的促进。比如很多大型企业采取的员工股份分红制度，年终所有员工都能获得公司利润的一定份额，于是员工们都积极工作；一个销售部门的销售额明显高于上季度，除了评选出标兵销售员以兹鼓励外，对其他销售人员也发奖金分红，之后这个群体里就会涌现出更多标兵。

朋友圈中总有一些成员“自扫门前雪”，不愿为群体做出职责以外的付出。其实，如果能够有效地促进成员的主动参与，让其感觉到朋友圈内的事与自己关系密切，就能够让他们变得更努力。

不仅自扫门前雪，也管他人瓦上霜

除了各扫自家门前雪，你也要在他人受难时伸出援助之手。这不仅仅是帮助别人，也是帮助自己。

一个风雪交加的夜晚，一位名叫克雷斯的年轻人的汽车抛锚了，他被困在车里。就在他无计可施的时候，有一位骑马的男子正巧经过。骑马的男子见此情景，二话没说便用马拉上克雷斯的汽车来到了小镇上。

事后，克雷斯为了表示感激，便拿出不菲的美钞给他作为酬谢。然而这位男子却说：“我不需要回报，只要你能给我一个承诺：当别人面临困难的时候，你也要尽力给予帮助。”克雷斯被感动了。

于是，在以后的日子里，克雷斯主动帮助了许多有困难的人，并且在帮助后，都会向所有被他帮助的人转述那句同样的话。

多年后的一天，克雷斯去海上游玩被困在一座孤岛上。这次，有一位冒着危险的少年救了他。在他对少年表示感谢时，当年的那句话又从少年的嘴里传了出来。

一股暖暖的激流在克雷斯的胸中翻涌起来：“这根由我穿起的关于爱的链条，周转了无数的人，没有想到在最危难的时刻经过少年又还给了我，原来，我一生中做的这些好事，全都是为我自己所做！”

兜兜转转，这些陌生人之间就是靠这样一个信念联系了起来。这个故事预示着这样一个真理：当你自己全身心地投入和付出之后，你就会获得你应得的那份成功。

解疑答惑

小Q提问：我公司一些员工好像对自己的工作一点兴趣也没有，还经常因为我安排他们加班，而口出怨言。我要怎样才能提高他们的积极性呢?

作者回答：你要想提高员工的积极性，首先让他们觉得自己也是这个公司里重要的一部分。这是在增强他们的主体意识。其次增强他们的合作意识，搞好公司内部文化。单靠几个人的努力，公司是很难有大的突破的。此外，你还可以设立奖励机制，提高他们的积极性，这样公司才能快速运转。

小Q提问：我不是很喜欢参加社交活动，这使我跟同一个朋友圈的人差距越来越大。我觉得自己什么都做不好，我该怎么办?

作者回答：你的问题在于由于你脱离了朋友圈，使你自己进步的速度放慢，从而跟你的同事产生了差距。这种差距又使你产生自卑心理，就更不愿意跟人接触。其实，你的人际关系是靠你的实际行动来经营的。投入到朋友圈中去，这是你经营好人际关系的前提。你一味地逃避退缩，这会使你的人际关系网越来越小。所以，你要走出自卑心理，勇敢地跟人打交道。

第七章

优质资源也需要滚雪球

社会交往中，摩擦是最常见的元素，很多人畏惧处理朋友间的矛盾，而事实上，问题就是机会，正所谓，物有本末,事有终始。当我们把矛盾逐一解决时，我们所收获的便是成功。

六度人脉，你用好了吗

广交友、多建网，

朋友圈才能不断拓展。

你也可以应者云集

北京有一位做火花生意的吕先生，他以前是一名非常普通的小学美术教师。这在很多人看来就是一份混日子的工作，富贵不足，温饱有余。

但是，吕先生不这么想，他想发展自己的事业。

有一天，他终于找到了机会。他在杂志上看到一篇报道，有人用火柴商标引发学生们的写作灵感和学习兴趣，效果显著。他灵机一动，这是一个好的开拓事业的方向，他决心收集火花。可是，火花从哪来呢？他想到了写信。他一口气写了两百多封恳切的信寄到火柴厂。然后，没过几天，他就拥有了几百枚精致的火花。

第一步的成功，激发了他更大的信心。接着，他认识了一个很有实力的花友，两个人聊得无比投缘。这位花友被吕先生的人品折服，不但送给他几十套火花，还将他认识的花友介绍给了吕先生。

就这样，吕先生又通过这些朋友认识了全国各地更多的花友，并和他们建立了密切的联系，与他们一起互通有无，交流心得。

吕先生的名声渐渐传开了。他先是在一些专门刊物上发表相关的文章，成了知名的专业撰稿人。他的火花藏品还得到了国际火花界的一致认可，成为国际收藏组的成员。后来，当他决定要举办一次火花藏品展会的时候，提议一出，立即得到了广泛的响应和支持。这时的吕先生不仅是展会的组织者，还借此机会成立了一家火花制作公司，名利双收。

整理你的朋友圈

吕先生的成功，表面上看是由于他的号召力。但是，实际上，这只是吕先生朋友关系长期积累的表现。从刚开始的一度人际关系转向二度人际关系，再后来就建立了三度和六度人际关系网。吕先生的人际关系是从一维到六维，从北京到全国，从全国到全球。在这人际关系网的拓展中，吕先生的命运已经开始悄悄发生了变化。这就是机会会向他招手的原因了。

很多人都有人际关系的困局，朋友多，但是无法具体定位。要走出这杂乱无章的人际关系网络，就需要你对人际关系网进行梳理。

这个梳理就是建立优质朋友资源网络图，让你的朋友资源一目了然。其实，我们都有这样一个朋友资源网络图，比如手机上的通信录、微信好友、QQ上的联系人、E-mail上的联系人，等等。只是这些联系人看起来都有些凌乱。你要做的其实很简单，就是将这些人的电话、工作单位、家庭出身以及兴趣爱好、习惯、身体情况等加以标注和汇总。通过日积月累和经营，你的人际关系资源一定会发挥它的威力，给你带来意想不到的帮助。

谁才算是你的好朋友?

谁才是你的好朋友呢?当你需要有人帮忙的时候,谁能够及时出现?判断好朋友的第一个标准就是:谁能在你危难的时候及时出现。

这个时候,你脑海中一定会闪现出几个人。我们在对人际关系里的人进行分类时,可以从角色上进行分析,并将这些人分成以下几类:

★事业上的好助手。在事业上,他们会及时出现在你身边,并把你当作是长期投资和合作的对象。他们真心希望你能够成功,并愿意为你承担风险,帮你解决问题,对你十分信任。

★兴趣相近的伙伴。这样的朋友会跟你建立亲密的朋友关系,你们有相同的爱好和品位,互引以为知己。你的休闲娱乐时间是和这些人一起分享的。

★最无私的中介人。他们有强大的人际关系网,会在你需要的时候,随时帮你联络到各种资源,并牵线搭桥。他们认为:“能帮助别人成功,这也是自己的成功。”

★信念的支柱。他们有强大的意志力,并与你有相同的信仰和观念。能够给你精神上的鼓励和支持。

★给你好心情的使者。他会在你心情郁闷的时候出现,并能让你精神大振,重新对生活充满斗志,他对你的关心是十分真诚的。

★人生导师。他是你生活和事业上的引路人,不但可以拓展你的视野,也是你人生的导师,是你梦想的分享者。

这些区分标准并不是绝对的,很多人可能身兼数个特点。要将

“朋友”准确定位需要你平时对人际关系资源的用心观察和你的苦心经营。

解疑答惑

小Q提问：我有很多朋友，平时吃喝玩乐常在一起。但是我最近手头紧，需要找朋友借点钱，竟然没有一个人理会我。我以后交朋友该注意些什么呢?

作者回答：你朋友虽多，可“质量”并不太高。你要把你的朋友进行分类。有一些人是酒肉朋友，这些朋友对人的积极作用并不是很大。最重要的人是那些能够真心帮你、信任你，为你提供合理意见的朋友。你只要注意到这些，相信以后就会有能够真心帮你的朋友了。

小Q提问：我的一个朋友，在我危难的时候帮助过我，但是，现在我跟他相处发现这个人小毛病特别多，让我很反感，我到底还要不要跟他做好朋友呢?

作者回答：你的这个朋友能在危难中帮助你，说明他确实值得你交往并建立长期的朋友关系。每个人都有小毛病，你要学会对他人的宽容和忍耐。同时，既然是朋友，你不妨委婉地建议他改掉这些毛病。朋友之间的感情需要双方的付出和维护。

像李嘉诚一样交朋友

让对方得利，

有时也能给自己带来最大的利益。

李嘉诚这样结交朋友

李嘉诚深谙交友之道，他在生意场上有很多朋友。他对如何结交朋友，如何让朋友带来生意，如何与朋友合作做生意等问题，有一套自己的经验。

他说："人要去求生意就比较难，生意跑来找你，你就容易做。如何才能让生意来找你？那就要靠朋友。如何结交朋友？那就要善待他人，充分考虑到对方的利益。"

"我觉得，顾及对方的利益是最重要的，不能把目光仅仅局限在自己的利益上，两者是相辅相成的，自己舍得让利，让对方得利，最终还是会给自己带来较大的利益。占小便宜的人不会有朋友，这是小时候我母亲就告诉我的道理，经商也一样。"

善待他人，这在尔虞我诈、弱肉强食的商界，很多人都认为是不可能的事。但这却是李嘉诚一贯的处世态度。在香港这个功利性很强的商业社会，李嘉诚能做到予人以善，很大程度上是由于他所受的传统文化的熏陶以及父母对他的谆谆教诲。这种思想，已融入了他的血液。

1991年秋，李嘉诚收到一位姓丁的英国华侨的来信。这位华侨向李嘉诚陈述了自己所处的困境，表达了万念俱灰的心境。按说，李嘉诚有很多重大的事情需要应酬和处理，根本无暇顾及这样的来信。他却亲自复信，并给予一定的物质资助。

他这样回信给丁先生：

人生起伏无常，尤其从事商业。穷人易做，穷生意难做。所以你们现在面临的困境，只是数千年来亿万生意人曾经面对的苦痛的一部分。但如果明白大富在天，小富在人，如果肯勤俭地面对现实，尽心经营，就会如俗话所说："山重水复疑无路，柳暗花明又一村。"即使一切都不如意，退一步想，则海阔天空。以今日英国的工资水平，找一份职业，生活应绝对无问题。留得青山在，不怕没柴烧！送上500英镑，请你俩一顿晚餐。想想明天会更好！想想世界上有多少更苦的人！

善待他人，也是善待自己

谁说成功的商人必然唯利是图？"善待他人"就是李嘉诚的成功之道。李嘉诚在经商的过程中，特别注重自己为人处世的方法和能力，宽厚待人，坦荡诚信，靠自己的人品给商业注入利润，并把利润回报给社会。

李嘉诚的整个发家史，很大程度上就是企业的收购扩张史。在李嘉诚主持的每一次庞大的收购行动中，几乎都是采取"软"收购，并且真正做到了"兵不血刃"，这特别表现在收购永高公司、和记黄埔、青洲英泥、港灯等公司。李嘉诚的收购行动，始终都是以股东的利益为前提条件，以冷静、合理、双方皆大欢喜为出发点，而进行友善的收购。

如果我们表扬一个人慷慨，这个人下次遇到献血活动时，主动献血的可能性会提高。菲利普·津巴多等心理学家的研究显示，人往往会根据别人的看法改变自己的行为。因此，如果我们认为别人会善待我们，并据此对待别人，他们可能会真的帮我们的忙。反过来，认定别人会让我们失望并据此对待他们，他们可能真的会表现得很差劲。如果你做得到，那么诀窍是：想受到怎样的对待就怎样对待别人，但不要把人性想得过于美好。

你的慈善，让你收获敬仰

你对他人的善和宽容，在利益关系上来看最容易使你得到相同的利益。这源于你善待别人的同时，会得到对方的信任和好感，甚至是敬仰。

出生于阿尔巴尼亚的修女特里莎，因受印度大诗人泰戈尔的影响，18岁时离开家乡来到印度，投身于慈善事业。1949年，特里莎修女在加尔各答创立了慈善机构——慈善会，并且以此为基地，在印度开展救助孤儿、穷人、老人和麻风病患者的慈善工作。

特里莎修女先后在印度和其他国家创办了50余所学校、医院、济贫所、青年中心和孤儿院。

为此，她的善举也获得了世人的尊敬。她曾先后获得印度尼赫鲁奖金、美国约瑟夫·肯尼迪基金会奖金和罗马教皇约翰二十三世和平奖金，并获1979年诺贝尔和平奖。

个人价值的完善，永远是获得他人尊重和信任的基础。你要想让你的朋友圈更强大，结交更多的朋友，也不能忽略自身素质的提高。

解疑答惑

小Q提问：我信奉金钱法则，常言道“有钱能使鬼推磨”。只要我想结交的人就可以用钱搞定。但是也有例外，这让我很不解，世上还有不爱钱的人?

作者回答：金钱法则不无道理，因为人与人之间的交往很大程度上是出于利益关系。但是，并非所有人、所有事都完全遵循这一法则。假如你处于危难之中，能够帮助你的人不能从你那里获得好处。那时候你岂不是孤立无援？一个人能够以德服人，获得别人的尊重和帮助才是真正的大境界。

小Q提问：我的一个朋友，说我总是爱在芝麻蒜皮的小事上计较，所以我的人缘才这么差。我很生气，跟她大吵了一架。这么点小毛病会影响到我的交际吗?

作者回答：你的朋友能够直言不讳说出你的缺点，说明她是真心希望你能改掉自己的毛病而变得更优秀。其实一个人的整体素质和行为习惯对他的社交都有很大的影响，很多人就是因为不注意细节，让人觉得这个人整体的素质不高。希望你还是跟你的朋友和好，并认真考虑她的建议。

谈判桌上，给别人留点余地

你理解对方，

是对方理解你、结交你的基础！

“不朽的”谈话

1915年，小洛克菲勒还是科罗拉多州一个平凡的小人物。当时，发生了美国工业史上最激烈的罢工，并且持续了两年之久。愤怒的矿工要求科罗拉多燃料钢铁公司提高薪水，小洛克菲勒正负责管理这家公司。由于群情激愤，公司的财产遭受破坏，甚至军队前来镇压，因而造成流血冲突，不少罢工工人被射杀。

在这样的情况下，可说是民怨沸腾。小洛克菲勒后来却赢得了罢工者的信服，他是如何做到的？

原来，小洛克菲勒花了好几个星期结交朋友，并向罢工者代表发表了一次交心的谈话。那次的谈话可谓不朽，它不仅平息了众怒，还为自己赢得了不少赞赏。让我们来看一看他是怎么说的。

“这是我一生当中最值得纪念的日子，因为这是我第一次有幸能和这家大公司的员工代表见面。我可以告诉你们，我很高兴站在这里，有生之年都不会忘记这次聚会。假如这次聚会提早两个星期举行，那么对你们来说，我只是个陌生人，我也只认得少数几张面孔。

上个星期以来，我有机会拜访了整个南区矿场附近的营地，私下和大部分代表交谈过，我拜访过你们的家庭，与你们的家人见过面，因而现在我不算是陌生人，可以说与大家成为朋友了。基于这份互助的友谊，我很高兴有这个机会和大家讨论我们的共同利益。由于这个会议是由资方和劳工代表所组成的，承蒙你们的好意，我得以坐在这里。虽然我并非股东或劳工，但我深觉与你们关系密切。从某种意义上说，也代表了资方和劳工。”

给他人留有余地

小洛克菲勒这番话，显然是把自己和对方放在了一个平台上，站在对方的立场上感对方之所感。

美国的《财星》杂志为了庆祝创刊75周年做了一份特刊，对25位杰出的财经界人士进行专访，并请他们说出影响他们一生的一句话。这些身经百战的大总裁们说出来的话都非常有震撼力，但最发人深省的还是时代华纳公司的董事长柏森斯的一句话，他说："谈判桌上，给别人留点余地！赢者不可全拿，赢时不要太志得意满、赶尽杀绝，要留一点退路给人家。"

与人说话时要懂得为对方、为自己留点余地，不能把话说得太死、太绝，要容得下一些意外的事情，以免自己下不了台。

不可把话说得太满

在交流中既要给人留有余地，又不可把话说得太满。

心理学上有一种"接种效应"。"接种"这一概念来自医学，就是给人接种适宜的病毒，打"疫苗预防针"，使人体经受有限的病毒的攻击，从而在身体里对这种病毒产生“抗体”，增强免疫力。今后如果这种病毒大量出现，身体里的抗体就可以抵御它们的攻击。

一位负责业务推广的业务员，习惯把话说得很满。每次客户提出疑问时，他的态度始终如一：“我介绍的产品最好”“绝对没有问题”“别家的东西，哪能用”。

其实，功能多的产品，操作比较复杂。讲究质量的产品，价格比较昂贵。任何一项产品，做得再好，也都有一定的限制，不可能完全没有缺点。把话讲得太满，效果适得其反。客户的直觉会认为这个业务员在吹牛，或是刻意遮掩他不敢说清楚的事，心中产生疑虑，使生意无法成交。

把话说得太满，就像把杯子倒满了水一样，再也滴不进一滴水，否则就会溢出来；也像气球打满了气，再充就会爆炸。相反，如果你先给杯子留有空间，就不会因为加入其他的水而溢出来；气球留有空间，便不会爆炸。与人说话，留有余地，便不会因为意外的出现，而下不了台。只有这样，才能完善我们的社交。

解疑答惑

小Q提问：闺蜜是个急性子，每次都抓住别人的错误不放，周围的其他朋友也都不喜欢她。有些人劝我离她远点，我该怎么办呢?

作者回答：你的闺蜜抓住别人的错误不放，太不会宽容他人、不懂社交。既然是朋友，你就应该给她提点意见，让她考虑别人的感受，说话、做事讲究分寸，帮她改掉自身的不足。同时你也劝劝周围的人让他们多多宽容，相信你会处理好这些关系的。

小Q提问：我的一个朋友，特别爱开玩笑，老是在大众场合调侃我的私事。这让我很不爽，我该怎么办?

作者回答：你的朋友讲话很明显没注意分寸，侵犯了你的名誉和隐私。如果还有这样的事情发生，你不妨直接跟他谈一谈，让他注意你的感受，并和他保持一定的距离。

优胜劣汰，成功的社交者一定是心理的独立者

不能成为强者，

就不能成为朋友圈中的王者！

“石板缝里的草”

《温州一家人》这部剧唤起了大家对创业艰辛的回忆，很多温州企业家表示在这部电视剧里找到了自己的影子。打火机大王黄发静就是其中一位。黄发静是温州日丰打火机有限公司董事长，“2003CCTV中国经济年度人物”。

2002年的欧盟对温州打火机反倾销案事件，让温州商人黄发静知名度直线上升。那年，他组织参与中国打火机行业应诉欧盟反倾销调查，随同中国外经贸部官员一起周游欧盟六国展开游说交涉，创下了新中国成立以来民营企业家为抵制不公平的国际贸易技术壁垒而走出国门斗争的先例。

像《温州一家人》中的主人公周万顺去杭州卖鞋被工商满巷子追，卖质量低劣的自动空气开关等故事都在黄发静身上发生过。

黄发静说：“1977年，我也有类似的情况。那个时候是卖凳子。因为我爸爸是木工，也被当时的管理人员这么追赶。”

像所有早期创业的温商一样，黄发静年纪轻轻就开始创业，有韧

劲但也遭受过不少打击。1976年，22岁的黄发静就出来做事情了。限于当时的社会环境，他只能是偷偷摸摸做做私活，但由于不合法，他吃了不少苦头。“1977年，因为所谓的‘双打’，我也进了学习班，被关了一个多月，当时对我们打击很大。”黄发静说。

重重磨难没有改变他创业的想法。1984年，正值改革开放初期，当时身为国企工人的他为寻求更好的生活，毅然停薪留职出来自己闯荡。

黄发静和两名亲戚、一个朋友四人合伙办了一家电器小作坊，厂房就设在城郊南塘街的一座庙宇里。由于面临着缺钱、缺人、缺技术的困境，大家只有没日没夜地干。在当时计划经济渐渐松动的时期，他们艰难地挺了过来。

当然，黄发静之后做的最出名、最红火的还是他的打火机生意。曾对媒体说过这么一句话：“不愿意让这么好的产业在我这一代消失掉。”

黄发静说，我们温州的精神就是温州人不怕困难，只要有路走，哪怕这条路很坎坷，我们都会尽最大的努力和勇气跨过去。

“尽管当前我们温州的经济发展遇到了一些瓶颈、一些困境。但是大家如果认真去看这部电视剧，如果每个人都回忆自己，就充分体现出我们温州人的精神是永远存在的。”

温州的发展从来都是外靠政策、内靠自己，温州人的精神就像石板缝里的草，生命力是很强的。

保持你自己的独立

温州人的精神确实是很强大的，在优胜劣汰的社会环境中，没有强大的生命力也无法成为一个社交群体里的成功者，就无法成为一个行业的领先者。要成为成功者，首先要保证自己独立。

心理独立是社交关系中一种比较成熟的社交品格，它并不意味着我们断绝与社会的交往，而是在相互依赖的关系中保持自己独立思考和抉择的姿态，而这种姿态是你社交能力和个人素质的展现，它会让你赢得别人的尊重。保持心理独立是很难的，依赖的不良心理会不时侵入我们的生活。而依赖心理的存在往往会妨碍我们形成成熟的社交理念，也会妨碍我们做出独立选择和决定。

陈诺是北京一家公关公司的公关顾问，到公司才一年时间，她已经做出了不少成绩。在别人看来，她干练大方、能力过人。可是在一次谈判中，陈诺受到了挫折，也因此发现了自己身上存在的问题。

一次，陈诺和一位上海的客户洽谈项目，本来一切都很顺利，但就在谈判终了时，对方突然提到一个新项目的合作意向，想让陈诺谈谈想法。陈诺顿时没了底气，这完全在她的计划之外，之前的洽谈内容和方案她都和做政府公关的父亲讨论过，每次按父亲的指导进行，总不会有错，可是这次陈诺要独立思考这个没有遇到过的新案子，她半天没有说出所以然来，几句话的开头都是："我父亲曾经说过……"最后这个话题没有进行下去，气氛一时很尴尬。陈诺也从这次谈判中发现，在往日的工作和生活的关键问题上，她一直尚未形成独立思考的能力。因为父亲一贯的正确决策，陈诺一直对父亲有着心理依赖而不自知。

一个真正成熟的社交者应该是一个在日常工作中能做出独立决策的心理独立者。由于陈诺对父亲在心理上的依赖，导致她在需要做独立思考时遭遇了无法避免的困境和尴尬。这次谈判将是她赢得赞赏和尊重的好机会。

摆脱依赖性

请问你现在最常用的联系工具是什么？电脑还是手机？你最常用的交流软件是什么？微信、QQ、社区、微博……我们生活在信息时代，社交的方式自然也会与高科技紧密挂钩。虽然这些交流工具为我们提供了便捷。但是，人与人之间的交流也局限在这些工具上，并对这些工具产生依赖。这使我们的社交能力呈现下降的趋势，大批“宅男”“宅女”产生。

要克服这些依赖性，就要投入到竞争中去，还是要靠自己顽强的意志。就像非洲大草原上的狮子：今天我要飞快地奔跑，一定要追上羚羊。然而羚羊想：今天我要飞快地奔跑，一定要快过最快的狮子。最后在狮子猎捕羚羊的时候，自己不但变得更加健壮，而且与此同时羚羊中的老弱病残也被淘汰掉了，剩下的那些没有被捕的羚羊变得更为强壮、机警、有活力。这就是物竞天择，适者生存，社交关系也是如此。

解疑答惑

小Q提问：我明明知道坚持节食是我这个胖子必须做的，可每次看到美食我都控制不住。我越来越胖了，周围的人都不想跟我交往，我该怎么办?

作者回答：你的肥胖导致你的社交出现了障碍，一个人的外表虽然不是最重要的，但也会影响到别人对你的印象。你还有一个问题就是意志力不够强大，不能够坚持减肥。如果你坚持下来，把自己的形象塑造好，相信会有更多人喜欢你，这对你自己也是一个提高。

小Q提问：我特别喜欢动漫，基本上每天除了上班就是在家里看动漫。现在年龄大了也没有找到男朋友。家里说我在社交上有问题，难道我在QQ上跟朋友交流就不算社交吗?

作者回答：在网上跟人交流是不受空间限制的，这和现实社交活动中的交流有很大差异。虚拟的网络世界并不能够提高你的社交能力，只会降低你跟别人交流的能力。并且你每天的生活都是在家里，很少参加社交活动，这对你找男朋友是十分不利的。建议你多出去走走，多参加各种社交活动，相信你会有收获的。

后退，是为了更好地前进

懂得适时放低自己，

退一步，才能海阔天空。

放下自己的性格，更圆满的处世

现为融创中国董事长的孙宏斌与联想集团的柳传志有过一段震惊商界的恩怨纠葛。

2003年10月22日下午，孙宏斌收到海淀区人民法院刑事判决书，撤销1992年8月22日判决，改判孙宏斌无罪。正在此时，孙宏斌从手机里获悉自己所创立的地产公司顺驰在苏州成功竞标获得两块地。在北京市海淀区法院门口，孙宏斌泪流满面。

要了解孙宏斌的牢狱之灾，不得不说到他与联想掌门人柳传志的一段往事。孙宏斌清华大学毕业后投身联想，不到两年就从普通员工被破格提拔为联想企业发展部的经理，负责联想集团除北京以外全国各地的业务拓展，主管全国各地的18家分公司，被视为联想的候选接班人。在此期间，孙宏斌和他领导的团队在管理理念上与集团发生了激烈的冲突，在孙宏斌的团队中，甚至有一些人放言要将公司的货款卷走。为此，联想公司选择了报案处理，请求司法机关立案查处，而后孙宏斌因挪用公款罪被判处有期徒刑五年。那年，他只有27岁。

事业才刚刚起步就被打入监牢，这不是一般人能遭遇的挫败。然而4年期满，即孙宏斌出狱前18天，他和一位狱警到北京出差，托人请柳传志吃了一顿饭。席上，孙宏斌告诉柳传志他出狱后准备做房地产销售代理，并诚恳地向柳传志表示，之前之所以发生这样不愉快的事，还是因为自己太年轻、太浮躁、太急功近利造成的。

知道孙宏斌去找柳传志认错的事后，孙宏斌的老婆当时就哭了，问孙宏斌，“你忘了我们这些年受的那些苦了吗？”一个女人刚生完孩子，丈夫就入狱，独立一个人拉扯孩子四五年，这种艰难可想而知。

我们不知道孙宏斌如何安慰受尽委屈的老婆，但在和外人聊起这个话题时，他这样说道：“我当时出来了，可以提把刀找柳传志算账去，但这有什么用呢？我这样做了，我就真正的毁了，从此以后就没有人敢理我了。”

见面的时候,柳传志问孙宏斌以后想做什么，孙宏斌说想投身房地产。孙宏斌出狱之后，成立了顺驰房地产销售代理公司，当时的业务以代理销售房产为主。

孙宏斌出类拔萃的偏执与近乎僵硬的冷静，使得老江湖柳传志对其刮目相看。其后，联想不仅借给他50万元在天津开办顺驰房地产咨询公司，还为他与银行取得联系，作为他第一个开发项目的合作伙伴，并以联想的无形资产帮他圈地、融资。这两个本该怒目相向的男人，竟然长时间上演了一出惺惺相惜的悲喜剧，让世人对孙宏斌的笃定与城府瞠目。

以退为进很有必要

人生中总会遇到各种不如意的事，如果不懂得退让，不懂得委屈自己，只是一味地横冲直撞，正如孙宏斌自己所说，一旦这样做了，就真正地把自己毁了。

商业领袖任正非曾经说过这样的话：“只有有牺牲精神的人才有可能最终成长为将军；只有长期坚持自我批判的人，才会有广阔的胸怀。”在任正非看来，这样的两句话，需要所有人共勉，并且像孔子所说的那样每日三省吾身。只有懂得自我批评，发现自己的缺点，不断进步，才能有所成就。任正非对所有华为人强调道，将军如果不知道自己错在哪里，就永远不会成将军。他知道过去什么错了，哪次错了什么，怎么错的，这就是宝贵财富。将军是不断从错误中总结，从自我批评中成长起来的。

一位年轻女公关组长代表公司前往一次大会宣传产品，当时在座的都是业界的精英和著名专家、学者。面对这些人，她一上台就说：“作为一个新人，我无论是头脑和学识，还是见识经历，都不可能比得上在座的各位前辈。所以，请大家多多包容我演讲中浅薄可笑之处，并希望各位不吝指正赐教！”她短短几句话就把所有人的期望值降到了最低。但等到大家一听她的宣传演讲，发现她说的居然很出色，这让所有人对她刮目相看。于是大家对她宣传的产品非常感兴趣，有很多人还立即签下了订单。

这位公关组长就非常懂得审时度势，通过放下自己的面子，将听众的期望值降到最低，以谦卑的心态与大家交流，所以哪怕她只发挥了自己的正常水平，也能让别人感到惊喜。

后退也意味着成功

当你与人交流时，尤其是在遇到不同意对方的观点的情况时，你不妨事先做个铺垫，让对方有个心理准备，这样就不会引起强烈的反感，也使他体会到你的用心良苦。总之，如果你不能送上一盆“热水”，那么不妨先用“凉水”打头阵，然后送上“温水”，同样能起到良好的作用。

一位性格内向的博士生毕业后拿着计算机专业的博士证书求职，但没有一家公司聘用他。后来，他以退为进，在求职时只拿出本科毕业证书。不久，一家电脑公司聘用了他，职务是程序设计师，但报酬并不高。他不以为意，在上班时非常勤奋认真，尽职尽责地做好工作，而且对公司的发展提出了一些有价值的建议，并独立开发出几个颇具推广价值的软件，因此受到老板的赏识，提拔他为副总经理，管理公司的技术开发工作。在老板追问他为什么区区本科学历，竟然对程序设计如此精通时，他才拿出自己的博士证书。

在人际交往中，由于一些原因，对方可能并不看好你。这时你需要等待时机，在特殊的时候给对方惊喜，达到一鸣惊人的效果。

解疑答惑

小Q提问：我每次都十分迁就我女朋友，但是她说我没有血性，不像个男子汉。我对她好，她反而这么说。我该怎么办?

作者回答：你也说了，是你太迁就她了。当你十分迁就一个人的时候，她会认为这是理所应当的，就会变得不珍惜你的付出。这时候你不妨运用一下冷热水效应，先对她冷淡一点，再渐渐地对她好，将她对你的期望值降到比较低的位置，这样你才容易让对方收获惊喜。

小Q提问：我有个朋友特别尖酸刻薄，但是这个人心眼不错，还是值得交往的。可我实在受不了他挖苦我，我该怎么跟他交流一下呢？

作者回答：你自己都说了，这个朋友心眼不错，就是管不住自己的刀子嘴。说明这个人不懂得退让的道理，总想表现自己的强势。其实，你跟他交流的时候就劝他多顾及他人的感受，要懂得退让，知道吃亏是福就可以了。

合作中，多看看你们共同的目标

我们只有望着同一个目标，

才能忽略周围的争斗，才能前进！

“利用别人的钱开创自己的事业”

洛维格成功的商业经历颇有意味。在他初涉商道时，只有一艘仅仅能航行的老油轮，而且手头资金严重不足。但就是在这样的情况下，洛维格靠着巧妙的抵押贷款运作，从一条破旧油轮起家发展成世界船队。洛维格很善于“与人合作，利用别人的钱开创自己的事业”。

他不辞辛苦、不厌其烦地奔波于各大银行，说服银行家们贷给他一笔款子并且使他们相信他有偿还贷款本金及利息的能力。面对几乎一无所有的他，银行家们做出的选择很简单——拒绝。

在银行家那里，洛维格的希望像一个个肥皂泡般破灭。

此路不通，是否能另找途径？洛维格突然计上心来。他有一只仅仅能航行的老油轮，他视之为珍宝，请人修理好之后还精心地“打扮”了一番。他将这艘油轮以低廉的价格包租给一家大石油公司。然后，他带着租约合同去找纽约大通银行，告诉大通银行的经理他有一艘被大石油公司包租的油轮，如果银行肯贷款给他，每月的租金可由石油公司直接转给银行来抵付贷款的本金与利息。聪明的洛维格已经计算清楚，石油公司的租金刚好可以抵偿他在银行贷款的本息。

这一次，银行方面做出的决定不同了，大通银行的经理们答应了洛维格的要求。尽管洛维格本身依然没有资产信用，但是大通银行的经理更看中那家石油公司足够的信誉和良好的经济效益。他们认为，除非天灾人祸，除非那条油轮不能行驶，除非那家石油公司破产倒闭，否则，这笔租金都会一分不差地入账的。

“群雄时代，合则强”

如果要说起富有的犹太大亨，那简直不胜枚举。而犹太商人最会赚钱的代表，就是赫赫有名的世界船王丹尼尔·洛维格。洛维格的成功就在于他不仅善于借用别人的钱来开创自己的事业，还善于利用其他公司的信誉来为自己的事业服务。

心理学认为，合作是两个以上的个体或群体为了实现共同的目标而共同完成某项任务。合作可以将合作者之间的长处集合起来，提高效率，这就是“合作效应”。因为合作而成功的事例不胜枚举，合强软件就是一个典型。

合强软件机构起步于1993年年底，现任总裁何洁冰当时和几个合伙人共同创建了厦门金信通公司，主要以销售计算机网络产品为主。

1998年，合强开始组织研发力量，确立OA管理软件产品的大方向。研发成功的合强OA2000办公自动化软件系统，以现代管理理论为指导，以LotusNotesR5为基础，突出知识管理的理念，为企业和行政机构迈向电子商务和电子政务打下了坚实的基础。

在巨大的发展机遇面前，合强软件认识到：只有通过不断合作，才能不断发展。于是，公司又推出了拓展市场的新理念——合作伙伴计划。它是由合强发起的全国计算机产品供应商、系统集成商和软件经销商组成的软件营销服务性组织。通过建立牢固的商务合作伙伴关系，实现产品、技术、市场等不同程度的资源共享和优势互补。该计划实质上就是为合作伙伴提供推行办公自动化的全面支持计划，包括营销协助、商机推广和技术培训等几个方面的内容。

没有合作，就不能把社会上的优质资源进行集中，将有利的条件为我所用。但是，在合作过程中，合作主体之间也会有分歧。

明确共同目标，才能忽略小矛盾

顾全大局是一流合作者必须具备的品质，在任何合作中都要以共同的利益和目标为重点，只有共同维护，搁置小矛盾才能维护自己朋友圈的整体和谐和发展。

话说某集团公司，下属各公司、厂分别考核业绩。各分部为了自己部门增长的利润殚精竭虑、费尽心思。而集团各公司、厂之间存在紧密的相互联系，比如生产与销售、上游产品与下游产品、动力与生产、后勤与生产等。

动力分公司要不要上一台30万元的设备以保证能源供给？这成了动力分公司经理的头疼事。因为多了这台设备，他就要多管很多事，事故也会多了。还不说要购买这套设备，他得花多少心血去比价、向集团领导汇报……这样想着，他就越不主动去办这件事情，事情就这么拖着。

终于，这天午夜发生了令人吃惊的事情——市该种能源供应突然中断了！动力分公司经理马上向集团总经理汇报，集团总经理慌得一夜无眠。但是毫无办法。由于这起事故的发生，有几个生产厂停产，一直持续了十多天。

月底结算，该集团在此事上共亏损600万元！

30万元与600万元！集团老总大发雷霆，骂动力分公司经理："你仅为了节省30万元，却害集团损失了600万元，这个责任你承担得起吗？！"

在一个团队里、一个社交群体中，力量只有往一处拧才能发挥巨大的力量，事半功倍。

解疑答惑

小Q提问：我的舞伴在表演时为了增加出镜率，每次都不跟我好好合作，以至于我们的组合每次分数都特别低。我对他十分不满，我该怎么办?

作者回答：你的舞伴确实没能够顾全大局，他为了使自己看起来更优秀而忽略了整体的表演效果，这使你们的组合变得不够优秀。其实，还有一方面是你们之间缺乏交流和默契，当然这是需要慢慢培养的。你可以和他交流一下，晓以利害，平时多沟通、多练习。

小Q提问：我跟人合伙开了一家公司。但是，我们大部分时间是各自为政，联系很少，各个部门都不怎么协调。眼看公司走下坡路，该怎么办?

作者回答：公司成员不团结有两方面的原因：一是管理制度不到位；二是薪酬制度不完善。这两方面都会导致公司人心不稳，力量涣散。每个人的力量都是微小的，每个人向着不同的方向用力，这个团队几乎就是没有力量的。只有在合作中，所有人为了一个目标而努力，才会有创造力和凝聚力。

恰当的幽默，让社交中不留尴尬

幽默背后，

透着你的智慧。

把每一声拒绝转变成幽默的回响

俄亥俄州的海耶斯是位著名的演说家。但他30年前只是个推销员——一个紧张兮兮的推销收音机的实习推销员。一次，一位老练的前辈带他来到某地，这位前辈并不具有电影上明星推销员般的好形象。他身材矮小，圆圆胖胖，红通通的脸，但却十分幽默。

海耶斯回忆说，当他们进入一家小商店时，老板突然大叫："我们对收音机没有丝毫兴趣！"这时那位前辈就靠在柜台上，咯咯笑了起来，仿佛他刚听到世界上最有趣的故事一样。店老板生气又好奇地瞪着他。

老练的前辈直起身子，微笑着道歉说："我忍不住要笑啊，是因为你令我想起另一家商店的老板，他也说他对收音机没有丝毫兴趣。后来他成了我们最好的主雇之一。你说这不好笑吗？"

随后这位老练的前辈继续很正经地展示他包里的货品。每一次老板表示他对这东西没兴趣，这位朋友就把头埋在臂弯里，咯咯笑起来。然后他会抬起头，又说了一个故事，同样是说某人在表示不感兴趣之后，买了一台收音机。

海耶斯回忆说：“大家都在看我们，我当时真是担心极了——其实是害怕极了。我对自己说，‘他会以为我们是一对傻瓜，而把我们赶出去’。那位前辈只是继续他咯咯的笑，把头埋进臂弯里，再抬起头来——把店老板的每一声拒绝转变为他幽默的回响。”

“奇怪的是，不一会儿我们搬进一台新的收音机。我的前辈以思想周密的行家口吻，向老板说明用法——那个老板居然买了！”

海耶斯还回忆说：“我好像依稀看见那副圆胖的身材、微笑的脸庞，还听见那亲切的、意义深远的咯咯笑声。这个记忆带我度过无数次的困境，并提醒我发挥幽默的作用去工作。”

幽默，你性格中的潜在力量

海耶斯的演讲天才就源于他对幽默的掌握和领悟。

你在与人沟通中使用了你性格中的多少幽默？是否借此成功交到了朋友？没有什么比幽默更利于建立友好关系，不管是什么，生活的严肃之门都可以用幽默的钥匙开启。

里根上任初期，有一次被枪击中，身负重伤，子弹穿入了胸部，情况危急。在生死攸关的时刻，里根面对赶来探视的太太所说的第一句话竟是：“亲爱的，我忘记躲开了。”美国民众得知总统在身受重伤时仍能保持幽默本色，康复应该指日可待。他的幽默稳定了因受伤而可能产生的动荡局势。

已发事件的好坏不重要，重要的是从哪个角度去切入。幽默可以说是人最基本的心理素质，是引人发笑的基本动力之一。很多时候，我们被评价为“很有幽默感”，都会觉得这是很高的评价。幽默感，不仅让你给他人留下好印象，有时候也能帮你应付危机和难堪。

用幽默应对难堪

美国第三十四任总统艾森豪威尔，在第二次世界大战期间，有一次到前线视察并向官兵发表演说。演讲完毕，他不小心摔了一跤，许多官兵哄堂大笑，部队指挥官吓得脸色发青，忙着赔不是。艾森豪威尔面对这种窘境，没有大发雷霆的喝令“不准笑”，而是委婉地说：“没关系，我相信这一跤比刚才的演说更能鼓舞士气。”一句话就维护了自己的威严，也扭转了难堪的窘境。

幽默是一种人际沟通的行为，它能促进人际互动，增进友情、亲密感及获得别人的赞同。幽默并不是回避、无视生活中出现的压力和矛盾，而是以幽默的方式展示一种温和的设身处地的关怀。

无独有偶，英国首相威尔逊在一次演讲中，刚进到一半时，台下突然有个捣蛋分子，高声打断了他：“狗屎！垃圾！”威尔逊情绪虽然受到干扰，但他克制住自己，不慌不忙地说：“这位先生，请少安毋躁，我马上就要讲到你提出的关于环保的问题了。”

威尔逊用幽默的话语代替了可能出现的言语冲撞，又缓解了自己的难堪处境，实在是很高超的一招。幽默是一种特殊的情绪表现，也是人们适应环境的工具。具有幽默感，可使人们对生活保持积极乐观的态度。许多看似烦恼的事务，用幽默的方法对付，往往可以使人们的不愉快情绪荡然无存，立即变得轻松起来。

解疑答惑

小Q提问：我的同桌非常幽默，好多女孩子都很喜欢他。我也想变得有幽默感，但是，我见到生人就张不开口，我到底该怎么办?

作者回答：幽默感并不是天生的，也不是人人都有的。幽默感确实容易获得别人的好感，使别人发笑也使别人喜欢你。一般人的幽默能力和他的智商成正比，幽默并不是滑稽，让你笑了之后能悟出很多道理，也能化解矛盾。你要做的是自信和学习，不断地充实自己，一个优秀的人是会受人欢迎的。

小Q提问：我自认为是一个非常幽默的人，周围的人也这么说。但是，一个同事老是说我话多，不搭理我，我该怎么化解矛盾呢?

作者回答：你性格开朗，按理说是应该受很多人欢迎的。其实，我们并不能够做到让所有人都喜欢自己，不过你还是可以通过幽默的方式化解你们之间的矛盾。可能这位同事喜欢清静，你也要适当地考虑周围人的感受。沟通和理解再加上适当的幽默，是你经营好朋友圈的好方法。

第八章

无规矩，不成方圆

顺水行舟易，大鹏乘风起。无论是自然界还是人类社会，规则始终是客观存在的，在社会交往中亦是如此，当你积极遵守那些科学的社交规则时，你就能获得群体的认可和拥戴。

社交中的不二法则：“人无信不立”

行动重于言说，

信用，是做出来的！

“借钱借来的事业”

在广州，有一位私营企业主岳亚贤，当年他家里穷得叮当响。为了摆脱“穷”字，他下决心要做番事。

他想到了向邻居潘婶借钱。一开始借10元，讲好一星期还，但他根本没动那钱，只是将钱锁在箱子里，到期准时归还。过了一个月，他又向潘婶借了20元，并讲定归还日，他一样不用，到期原钱加息奉还；如此一次次借了还，还了借，大半年时间过去了，他没动用过所借过的任何一分钱。待潘婶一再夸其“有信用”时，岳亚贤顺水推舟地向她讲了自己打算办个“方便居民生活小卖店”的想法和难处。潘婶也爽快，笑着安慰他：“放心，你亚贤要办店，借你个万儿八千的没问题。”就这样，岳亚贤凭着良好的“信誉”筹到一笔创业的资本。

他不会偷懒不上班，早上他会全心全意地投入工作；他不会孤单寂寞，晚上他会全心全意地投入快乐。他就是香港圣安娜西饼店的霍世昌。

他27岁时就是圣安娜西饼店的创始人之一。但屈指一算，这饼店从成立到现今已有十多年的历史。那么，他当时只是个二十出头的小伙子，此年纪做生意，很容易联想到他会有家庭的支持、父母的帮助。当有人提出此疑问时，他就笑着回答："你猜错了，我是靠借钱来开饼店的。"

霍世昌说："当时，我在电灯公司工作，是有关技术维修方面的工作。那时，我还没结婚，但已有女朋友，她很喜欢弄些小点心、蛋糕之类的食品，味道嘛，真是不错。她是跟一位师傅学习的。当时，我便想，徒弟已经有此成绩，师傅当然更好了。因此，便萌发了开饼店的念头。那时，香港的西饼业远没有现在蓬勃。当时想这是有可作为的生意，便跟她的师傅一起商量研究开饼店的事。她的师父一听说这件事立马就答应了，后来才知道，原来是老人家觉得我这个人讲信用，为人真诚。但是，这个计划，最大的问题是缺乏资金，于是，便决定找人支持。首先，由我做一份计划书，列出有关详细的内容、预算、地点、资金、经营方针等，然后，便找到一同学商量。这位同学跟我认识很多年了，信得过我的为人。他看过后，很爽快地接受了计划书。于是，我们三个人便成了合伙人，直至现在。"

有时，信任源于让步

取得他人的信任是有技巧的。如果是做了很小的让步，比如这样说："这件事我们双方都有责任，我的态度也不是很好，所以我向你道歉。"反而易取得他人的信任。

大约30年前，苏联看中了长岛北岸的一处土地，计划在那里盖一幢使馆人员宿舍。当时，土地的售价在36万~50万美元，卖主开出42万美元的售价。在这项采购案里，苏联通过付出某种代价，换取一年内独家采购的权利，从而使交易全过程得以保密。

于是，在没有竞争的条件下，苏联态度强硬，只肯出12.5万美元，卖主虽然认为12.5万美元的提议极为荒谬，但是按照协议，不可能有第三方出价。双方僵持了3个月，苏联做出小小的让步："我们知道这价钱是低了些，或许我们可以多出一点儿。"最后，他们轻而易举地使卖主将售价降到36万美元——当时行情的最低价。

苏联只是做出了小小的让步，就轻而易举地达到了自己的目的。可见，微小的让步背后，往往能得到更大的收获。

有时候，与人沟通就像是一场谈判，只不过之间没有谈判桌而已。在这张看不见的谈判桌上，为了解决突发的分歧，为了达成赢得人心的协议，必要的让步是必需的。但是绝不是轻率的行动，必须慎重处理。我们更需要利用一定的让步技巧增加对方对你表示出友好姿态的感激，并做出善意的回报。

取得他人信任的技巧

取得他人的信任，我们不仅需要足够的耐心，而且需要让对方觉得我们值得信任。

1.真诚。坦诚地面对他人。当我们对他人以诚相待时，他人也会以同样的真诚回报我们。不要避讳他人询问的话题，要与他人真诚沟通。不要说一些不实际的话，否则他人会觉得我们不诚实、不可靠，也不值得信任。

2.尊重他人。与陌生人交往时，尊重他人尤其重要。尊重他人就要学会倾听，不要打断他人的谈话。同时我们要时常保持微笑，以最佳的状态出现。

3.提高自己的素质和能力。取得他人的信任，还要靠自己的能力。如果我们具备值得他人肯定的素质，就会得到他人的喜欢。由于他人觉得我们具有很强的能力，就会尊重我们、肯定我们、信任我们。

4.多为他人着想。多站在他人的角度考虑问题，善于把握他人的心理，学会换位思考。

5.自信。要想取得陌生人的信任，我们必须要有自信，如果连我们自己都不相信自己，谁还敢相信我们？不要因为他人对我们不热情就打退堂鼓。

解疑答惑

小Q提问：我是新员工，每次老板给我的活儿都很简单，我没办法学到新东西。后来听说，老板怀疑我是技术间谍，我到底该怎么办？

作者回答：你是新员工，刚到公司肯定不会让你接触核心业务。获得老板信任需要组织对你的考验和你自己能力的提升。你被怀疑为技术间谍也只是道听途说，没有根据。所以，你应该保持良好的心态，继续努力工作，用你的实际行动来证明你的实力。

小Q提问：我每次交朋友都十分信任对方，但是经常有人利用我的好心欺骗我，我很伤心，难道我也要做一个狡诈的人才能不被欺骗吗？

作者回答：你交朋友信任对方是好的，但是，你的信任不能是无原则。所谓“防人之心不可无”正是这个道理。对方的狡诈并不能成为你放弃原则的借口，在坚守原则的同时，再使用一定的交际方法，你一定会交到好朋友的。

培养互惠双赢的品德

点亮他人，

照亮自己！

善意会为我们带来机遇

一个风雨交加的晚上，一对老夫妇走进一家饭店，想住宿一晚，但是，饭店的房间早已经住满了。当天值班的服务员不停地向老人表示歉意，面对客人的无奈，服务员热情而诚恳地说道："若是平常，我会送二位到别的饭店，但是那家饭店离这里比较远，外面还下着雨，这么晚又没人可以替班，我担心两位在风雨中找不到那里。我有个建议，不知两位是否愿意住在我的房间，虽比不上饭店的套房，但还算干净。我下班后可以在办公室休息一下，明天一早再送两位去那家饭店。"

这对夫妇欣然接受了这位服务员的建议。第二天，老夫妇到前台来结账，服务员十分热情地说道："因为二位昨晚住的不是套房，所以不收费用。希望您与夫人昨晚睡得香。"老先生感谢之余连连点头称赞道："你真是每个旅馆老板都梦寐以求的员工，或许我们今后还有见面的机会。"

若干年后，这名服务员收到一封挂号信，信中叙说了那个风雨夜晚所发生的事，另外还附了一封邀请函和一张往返纽约的机票，邀请他到纽约访问。

在曼哈顿，服务员见到了那位当年投宿的顾客。老先生指着一栋华丽高贵的新大楼说："这是我盖的旅馆，希望你来为我经营。我叫做威廉·沃尔道夫。你正是我梦寐以求的员工。"

"投桃"才能"获李"

沃尔道夫正是看重青年的高贵品质和对工作的认真负责。

其实，站在对方的角度上想问题，换一个思维就能换一个结果。如果一件事情对你没有益处，对别人也没有益处，那这件事情就没有任何意义。所以，很多时候，如果我们及时调整心态，站在对方的立场思考问题，就会变被动为主动，迅速博得对方的谅解与认同。实践证明：对善于"投桃"的人，现实总会对他"报李"。

一个漆黑的夜晚，一位僧人看见巷子深处有盏小灯在晃动，只听身旁有人说："孙瞎子来了！"

僧人百思不得其解，于是问姓孙的盲人："敢问施主，你什么也看不见，为何要挑一盏灯呢？"

盲人说："在黑夜里满世界的人都和我一样是'盲人'，所以我就点燃了一盏灯。"

僧人若有所悟道："原来你是为别人照明啊。"

盲人摇头说道："不，是为我自己。虽然我是盲人，但我挑了这盏灯笼，既为别人照亮了路，也让别人看到了我，这样他们就不会在黑暗中碰撞我了。"

在现实生活中，人与人的关系之所以会出现不和谐的音符，就像黑暗中的盲人和周围的人一样，人与人之间是互利互惠的，是分不开的。一旦产生矛盾和摩擦，其中就与一方某方面的利益受损有关。因此，要有效化解矛盾、消除摩擦，就不能太自私、“吃独食”，而应坚持“互惠”，追求“双赢”。只有让双方都得到益处，这样才能深化与他人的关系。

培养互惠双赢的品德

史蒂芬·柯维在《高效能人士的七个习惯》中谈道：“利己利人可使双方互相学习、互相影响及共谋其利。要达到互利的境界必须具备足够的勇气和与人为善的胸襟，尤其与损人利己者相处更得这样。”想达到利人利己，须从自身的“品德”着手，建立起互利的“人际关系”。双赢的品德是利人利己的基础。

1.真诚正直。我们若不能对自己诚实，就无法了解内心真正的需要，也无从得知如何才能利己。同理，对他人没有诚信，就谈不上利人。因此，没有诚信作为基石，利人利己便成了骗人的口号。

2.成熟。也就是勇气与体谅之心兼备而不偏废。既有勇气表达自己的感情与信念，又能体谅他人的感受与想法；既有勇气追求利润，又能顾及他人的利益，这才是成熟的表现。

3.富足心态。一般人都会担心资源匮乏，认为世界如同一块大蛋糕，并非机会均等，人人有份。假如他人多抢走一块，自己就会吃亏。因为很多人这么想，所以无法真正实现互惠。

解疑答惑

小Q提问：我特别感情用事，别人求我时，只要戳中我的泪点，我就会帮忙，周围的人都觉得我没有原则，我该怎么办?

作者回答：你愿意帮助别人，这是你的好品德，但是，帮助他人要有原则。助人是一种美好的品德，但是，这与感情用事完全不同。感情用事是出于你的感动，道德需要我们的理性判断。所以在生活中还是希望你能够有原则地做事，这并不与帮助他人相矛盾，反而会获得别人的尊重。

小Q提问：我觉得人就是要靠自己，朋友之间，只有利益关系，没有人会真正地像帮助自己一样帮助我。既然如此，我就不必帮助别人了。

作者回答：你对人与人之间的社会关系很失望，所以认为社会中人与人之间是靠利益联结在一起的。人要靠自己，但是，一个人的力量是十分有限的。我们需要和周围的人建立良好的互动关系。而互相帮助就是这个朋友圈的基础。如果我们对别人没有帮助，自然也很难得到别人的帮助和重视。

认同感轻易拉近彼此的距离

“不”这个字，

拉大了我们与他人的距离。

走进百万富翁俱乐部

一个乡下孩子法夸尔，获得了与当时纽约最有势力的人物见面的机会。

法夸尔首先想方设法进入了鼎鼎有名的雅各布·阿斯特的办公室。雅各布·阿斯特是德裔美国皮毛业大亨及财经专家，是阿斯特家族的创始人。1848年临终时的遗产有2 000万美元，是那个时代的美国首富，美国历史上排位第四富有的人。

见到阿斯特时，这个孩子只说了一句话：“我想请教您一下，如何才能成为像您一样的百万富翁呢？”

法夸尔内心十分清楚，什么样的话能引起一个成功的企业家的兴趣。

果然，阿斯特听了此话之后，感到又诧异又高兴。阿斯特不仅耐心地和法夸尔聊了起来，还把他介绍给许多著名人物，如菲什、斯图尔特和贝内特等。

法夸尔靠着诚恳地向成功人士请教的方法，获得了成功人士的指点，在事业中一帆风顺，比别人少走了许多弯路，最终也成为百万富翁俱乐部中的一员。

真诚地赞美他人

相信很多人都听过百万富翁法夸尔的这个故事，其实，成为百万富翁并不是天方夜谭，只要通过真诚的赞美和认同就可以拉近我们和百万富翁的距离。其实，要做到真诚的赞美，也并不是一件难事。赞美是自然而然的善意行为，不需要你绞尽脑汁、处心积虑，也不需要你赔尽小心。

卡耐基曾说过："跟别人交谈时，不要以讨论不同意见作为开始，要以强调，而且不断强调双方都同意的事作为开始。"这确实是既简单又实用的技巧。当然，使用这种同意策略并不是毫无原则，更不是虚伪的阿谀奉承，它只是实现共同目的的方法而已。另外，请尽量避免引起无谓的争辩，一旦说出了"不"字，双方就可能会产生心理紧张关系。

学会巧妙迎合他人

巧妙迎合他人是指在适当的时候说出自己与其相似之处。无论对方是怎样的人，我们都会有相似之处。比如信念、态度、志趣爱好相同，背景经历相似，再细化一点，职业、地位、年龄、籍贯、专业总会有相似之处。说出与他人的相似之处，可以获得他人的认同感。

美国前总统里根非常善于迎合选民，有一次，他向一群意大利血统的美国人说道："每当我想到意大利人的家庭时，我总是想起温暖的厨房，以及更为温暖的爱。我记得有这么一个笑话：一户人家，一直住在一套狭小的公寓里，但已决定迁到一座大房子里去。一位朋友问这家12岁的儿子托尼：‘喜欢你的新居吗？’孩子回答说：‘喜欢，我有了自己的房间。我的兄弟也有了他自己的房间。我的姐妹们都有了自己的房间。只是可怜的妈妈，她还是和爸爸住一个房间。’”

里根这番话巧妙地迎合了当地选民，迅速拉近了他与当地选民的心理距离，成功地推销了自己。

解疑答惑

小Q提问：我在事业上遇到了困难，需要我以前的同学帮忙，但是我们很久没联系了，我该怎么开口？

作者回答：你们既然是同学，那么你们的共同之处就是曾经一起学习的地方。你可以从以前的学习时光谈起，再肯定他现在的成就，之后说说自己的难题，并提出你的请求。

小Q提问：我想追一个学画画的女孩，但是又不知道怎么开口，我该怎么办？

作者回答：其实追女孩子的方法有很多种，你可以根据这个女孩的性格制造浪漫气氛，制造偶遇，讨论共同的爱好，比如画画。如果你不懂，你还可以借机向她学习。总之，第一步就是要寻找共同点，拉近你们之间的距离。

真诚者才能赢得真诚

花言巧语只是一时之计，

真诚相待才是长久之计。

美国前总统卡特坦陈人性弱点

一些领导人为了让自己保持良好的形象，会为自己的不足做些修饰，但是美国的前总统卡特却没有这么做。

作为一位虔诚的南部浸礼会教徒，卡特登上总统的位置并不容易。很多人认为他是一位目光狭窄、自以为是的正统派基督教徒。为了在民众心中树立新的形象，他在1976年11月接受《花花公子》杂志采访时，对记者说："我很努力地不去做那些罪恶的事情，但是又因为自己无法克服人类固有的弱点，所以还是会去做一些罪恶的事情。"他说他曾经用充满欲望的眼睛看过很多女性，但是他相信上帝原谅了他的做法。不过他又继续补充说："我并不认为自己比那些'用欲望的眼睛看女性并离开自己妻子的男人'更高尚。"

当然，卡特这样的语言显得过于直白，也让人觉得惊讶。但是，许多美国人却觉得他的这种真诚和直率让人觉得舒服、很可靠。

当然，也有人仍对他的人格有所怀疑。但是他讲述的另外一个故事，打消了这些人的疑虑。

有一次，卡特参加一个晚宴。他坐在漂亮的电影明星伊丽莎白对面。这时，伊丽莎白向卡特问了一个问题，但是他并没有听见，依然看着她。伊丽莎白忍不住又叫了一声“卡特总统”。卡特这时才反应过来，连声说：“对不起。”伊丽莎白对卡特的失礼并未见怪，反倒因他的坦诚致歉对他产生了更多好感。

真诚，让我们更受欢迎

只要是真诚的，即使是缺点也会变得可爱。你对别人是否出自真诚的交流以及是否付出真诚的关心迟早会被别人洞知。一个人的真诚是能够被人感觉到的。

富兰克林参加宾夕法尼亚州议会的选举时，遇到一个反对他的人，那是一名新议员，同时也是一个有才能、有影响力的绅士。富兰克林深知，如果与他正面冲突，结果只能是势同水火；如果曲意逢迎，只能招来轻蔑与不屑。在经过长时间考虑后，富兰克林选择了暗示策略。他打听到那位议员很喜欢藏书，而且不乏珍贵的版本，就写了封短信向他借几本书，议员很快派人送来了。一周后，富兰克林还书给他，并附信表示了自己的谢意。之后，两人在会议室碰到，就很自然地握手言和了。

其实，真诚可以化解你与对手之间的矛盾。我们对他人的关心并不需要付出多大的力量，或使对方得到什么好处或实利，有时一句寒暄或关怀的话也会令人受用不尽，并赢得对方的接纳与好感。

巧妙地展示我们的诚意

虽然我们有权利选择和什么样的人交往，甚至可以不和自己性格不合的人交往，但是，这绝不是一个英明的选择。我们都生活在一个互相交织的社交网络之中，这就注定我们必须和各种各样的人相处。在和不同的人相处时，要积极主动地努力适应他人的性格特点，真诚地对待身边的每一个人，才能够建立良好的人际关系。

★提供帮助。有缘才相聚，当对方遭遇困难时，我们应该尽一己之力为他们排忧解难，这会让我们感受到对方的感激与善意回报。帮助他人正是换取他人帮助的先决要件，同时也是建立良好人际关系的基础。

★避免争吵。与人相处，难免会争吵，所以我们要懂得心平气和、理直气柔的道理，适时退让一步，以消弭无意的纷争，确保互动关系不会遭到破坏。口舌之争没有胜利者可言，如果把对方说得哑口无言，对方就会因自尊心受损而怀恨在心，所以，逞口舌之快，即使赢了也是输。

★禁用三C用语。所谓三C用语，是指批评（Criticizing）、责难（Condemning）以及抱怨（Complaining）。与他人交流时，使用这类语言容易伤害对方的荣誉心与重要感，造成反唇相讥、不欢而散的结局。切记在与他人相处时，必须避免使用三C用语，以免因此破坏了彼此良好的人际关系。

★谦虚谨慎。在生活中，要学会示弱，适当地放低自己，体现海纳百川的宽广胸怀。具备这样高尚的品质，有利于人际关系的发展和升华。

★恪守微小承诺。诚实守信是做人的基本原则。而造成人信用缺失的并不是曾经许下的“大承诺”，而是言谈中应承的“小事情”。就是因为这个诺言“小”，所以更容易被忽视、被遗忘，有时甚至会被当成一种无意识的行为。但“说者无心，听者有意”，当无心的小诺言一次次被忽略之后，被许诺者的人心也就跟着散了。所以，即使是在笑谈中许下的诺言，也要当成很严肃的事去完成。如果在答应后因为情况变化而一时不能办到，也应如实讲清原因。

如果我们用真诚对待他人，他人也会用真诚对待我们，那么我们将会赢得更多的东西。

解疑答惑

小Q提问：我很想和新来的同事成为朋友，但是，直接请他吃饭比较冒昧。我该怎样表现出我的真诚呢?

作者回答：想和一个人成为朋友，首先要制造出你们已经是朋友关系的氛围。这种亲密的氛围会暗示他：我们是朋友。比如，你可以试着用熟人的口吻跟他打招呼，他不会以为你很唐突，反而以为你们的关系真的很熟络。这样交流起来会比较自然。

小Q提问：我跟同事无话不谈，有时候我讲话会涉及他的一些隐私，只是，有一次他还生气了。之后，我们变得生疏了。我很想恢复以前的关系却不知道该怎么办。

作者回答：与人交流时，不要以为自己内心真诚，和他人关系密切便可以不拘言语，我们还要学会委婉、艺术地表达自己的想法。一句话到底应该怎么说，其实很简单，你只要设身处地从别人的角度想想就明白了。社交中的真诚不等于双方直接简单、毫无保留地相互表白，它要求我们本着善意和理性，把那些真正有益于对方的东西系上美丽的红丝带送给对方。

机会只留给有准备的人

唯有不断地学习，

才能在朋友圈中游刃有余。

贫民窟里的杂志奇才

埃德沃·波克被称为“美国杂志界奇才”，而他小时候却是一个“苦孩子”。6岁时，他随着家人移民美国，在美国的贫民窟长大，一生中仅上过6年学。而且在上学期间，他仍然要每天工作赚钱。

13岁时，他放弃学业，辍学到一家电信公司工作。然而，他并没有就此放弃学习，他坚持自修。他还非常有远见，很早就懂得经营人际关系。他用省下的午餐钱，买了一套《全美名流人物传记大成》。

他做出了一个让任何人都想不到的举动——直接写信给书中的人物，询问书中没有记载的童年及往事，例如，他写信问当时的总统候选人哥菲德将军，是否真的在拖船上工作过。写信给格兰特将军，问他有关南北战争的事。

那时候的小波克年仅14岁，周薪只有6元2角5分，他就是用这种方法结识了美国当时最有名望的诗人、哲学家、作家、大商贾以及军政要员等。那些名人也都乐于接见这位既可爱又充满好奇心的波兰小难民。

小波克因此获得了多位名人的接见，他决定利用这些非同寻常的关系改变自己的命运。他开始努力学习写作技巧，然后向上流社会毛遂自荐——替他们写传记。不久之后，他便收到了大量的订单，他雇用了6名助手帮他写传记，这时的波克还不到20岁。

不久，这个传奇的年轻人，被《家庭妇女杂志》邀请做其编辑，并且一做就是30年，埃德沃·波克将这份杂志办成了全美最畅销的妇女刊物。

结交对我们有帮助的人

埃德沃·波克只读过6年书，他的成功并不是源自于他的专业知识。事实证明，是特殊的人际关系成就了埃德沃·波克，让他从一个一无所有的小难民，取得了一般人难以想象的成就。

社交关系的重要性，怎样强调都不过分。假如我们把社交关系比作大脑的神经网络，那么其中每个人就是一个神经元：突起越多，与周边的联系就越多，也就比别人更加灵敏，从而更加易于走向成功。无怪乎美国石油大王洛克菲勒说："我愿意付出比天底下得到其他本领更大的代价，来获取与人相处的本领。"

当许飞还是一个刚出校门的大学生时，认识花旗银行中国区副总裁董功文纯属巧合，但他却让这种巧合帮助了自己的事业。

许飞在北京租的房子是董功文的，而董功文的太太又正好是许飞的老乡，一来二往，他们也就熟识了。两个人都很健谈，话题从人生到事业，常常一聊就是几个小时。许飞偶尔也会诉说自己对未来事业的期许和打算，通过交谈许飞逐渐获得了董功文太太的欣赏和信任，进而获得了董功文的欣赏和信任。

在许飞打算创业的时候，董功文为他筹集了大笔资金，这决定了他的金融传媒教育公司从一开始就拥有很高的起点，使他的事业受益匪浅。

可见，与人结交的目的，更重要的是向人学习。

用一切方法了解他的信息

不是每个人都有做二世祖的命，也不是每个人都好运到坐在家里就能认识李嘉诚，因此，你要做的就是建立一个庞大的社会关系网，这样你才可能结识到更多的人。

当你建立起一个庞大的社会关系网后，你要做的就是整理这个网络里每个人的资料，疏通人脉，找到那个对你有帮助的人，这个对你有帮助的人必然要在某个领域功成名就，找准他，然后通过你认识的人一步步接近他。

很多人都惊讶于美国前总统罗斯福的渊博学识，因为无论是将士、商人、政客还是外交官，他都知道该和他谈什么。原来，每当知道有人来访，罗斯福总是会提前去翻阅那个人的资料，对他的经历、嗜好、感兴趣的问题做一番研究。

在与人结交之前，你可以通过他的熟人了解他的信息，比如他性格怎样，喜欢什么，讨厌什么，他是如何取得成功的，他最欣赏自己哪一点，等等。这样你在与他接触时就可以投其所好，赢得他的喜欢，有所收获。

解疑答惑

小Q提问：我在我们公司里技能算是最突出的，但是，并没有人向我请教，我觉得我人缘非常不好，我该怎么办呢?

作者回答：你的专业知识固然十分重要，但是，掌握与人相处的技巧也十分重要。从某种意义上说，好的人际关系是一个人通往财富、荣誉、成功之路的门票，只有拥有了这张门票，你的专业知识才能发挥作用。要成功就一定要营造利于成功的人际关系，一个没有良好人际关系的人，即使他再有知识，再有技能，也很难得到施展的机会。

小Q提问：我刚刚来到公司，什么都不会，很想找个人熟悉一下业务，但是不知道找谁，也不知道如何开口。我该怎么办?

作者回答：你想向他人请教问题是件好事，但是，向人请教问题也是需要一定的技巧和勇气的。首先要找对人，然后了解他相关的信息，比如他性格怎样，喜欢什么，讨厌什么，他最自豪的是什么，等等。然后找到你们的共同之处，从你们都熟悉的话题开始谈起。在向人请教的时候，还要保持谦虚、真诚的态度。

体现自身价值，是立足的根本

自身没有价值，

就不值得别人开掘，

自然，也无法在朋友圈中立足。

你的价值决定了你的人缘

刘克是个聪明机灵、爱交朋友的小伙子，毕业之后很顺利地得到了在机关单位实习的机会，但是想成为正式员工还要通过试用期。

他总是很佩服那些有能力的同事，并有意表达出想进入这个社交群体的想法。但是，每当刘克主动靠近他们的时候，他们似乎并不热情，有时还表现出一副爱答不理的样子。

这让刘克很是困惑，作为同事不是应该互相帮助的吗?

有一次，他无意间听见同事在背后议论："刘克总是有意无意地跟我套近乎，估计是想从我这学到点什么。关键是，他并没有什么值得我们学习的啊！帮他还不如帮帮刘处长的外甥呢！""就是！"一个同事随声附和，表示赞同。

同事们口中的"刘处长的外甥"是刘克的同学，毕业后也进入这家单位实习。但是，正式员工的名额只有一个。

刘克听到这很是气愤。但是，他在气愤那些人势利的同时，也明白过来了：同事跟你非亲非故，没有情分和理由“应该帮助你”。这些人之所以对你不感兴趣，不愿伸出援手，是因为你不具备让人得到利益的条件和能力。

在接下来的时间，刘克不仅更加努力地工作，还利用假期和休息时间报名参加职业进修班来提升自身的职业技能。他不断刷新业绩，很快得到了领导的赏识。以前对他不感兴趣和刻意疏远的同事，现在也都开始对他表示交好，有一些老同事甚至张罗着给他做媒呢！

当然，试用期结束，他成功转正，成为赢家。

做好准备，让自己更优秀

每个人都愿意跟比自己强的人交往，而不是跟那些弱者待在同一个阵营。就像刘克，刚开始他能力平凡，并不被人看重，到后来绩效突出才会被领导和同事重视。

除此之外，在人际交往中，我们要想达到一个目标，先做好充足的准备，能够使我们事半功倍。比如，你想追求一个女孩，假如你事先通过一些渠道知道了对方的喜好、对男朋友的要求、生活作息等信息，你追求对方就会变得更加容易。反之，则只会给自己添加更多的麻烦。比如说，对方恰好是每周周六值班、周天休息，但是你却总是约对方周六出来，那么想追她肯定会有一定的困难。可见，做好充足的准备很重要。

进市场部才三个月，李明就成功地为公司谈成了一个项目。公司一年也就做那么几个项目，所以部门经理都非常高兴。他专门抽了一点时间，让李明跟同事们分享自己成功的经验。

其实，李明的成功跟他两个多月的市场调查是分不开的。刚进公司时，经理划了一片区域给他，要他先去了解市场。两个月以来，李明把这片区域内房子的类型、价格、销售、主要顾客、走势等了解得一清二楚。而李明去谈的项目刚好是在那一片区域的，但是对方显然对即时信息并不了解，说那里的房卖到了多少，说公司定的价格太低。李明立即就回应了，说那里的价格已经降到了多少，并把现在那里的普遍状况与发展趋势跟他聊了很多，他问什么李明都能答上来，并用调查来的数据证明。结果几次下来后生意就这样做成了，所以李明的成功是跟他之前准备的信息分不开的。

磨刀不误砍柴工啊，李明做的准备是促成他快速成功的关键。心理学上有一个布利斯定理，是指用较多的时间为一次工作做事前计划，而这项工作所用的总时间就会减少。这个定理刚好能够用在这里。

和别人交往也一样，只有了解了对方的信息，我们才能投其所好，避开对方的禁忌，从而更快地建立良好的关系。

让自己成为某个领域内的专家

上帝是不公平的，他给予了每个人不同的出身和能力，但就改变人生和命运的机会而言，每个人却是均等的，努力争取一分，机会便会多一分。当你通过自身的努力成为某个领域的专家后，你自身的能量便会变得更强大，这时候也就更容易深度连接外部，获得更多人的支持和拥抱。

日本著名管理学家大前研一加入麦肯锡公司后，凭借着其杰出的表现，很快与众多企业家建立了深厚的信任关系，而经他提供的咨询服务也获得了众多客户的满意。入职3年后，他的酬金就已经达到了恐怖的平均每天150万日元。这在20世纪70年代的日本绝对是破天荒的，就算放在今天，这样的薪金水平，仍然是绝大多数工作者无法企及的。

然而，拿到高薪后，受到公司文化和前辈的影响，大前研一并没有自满，而是在前辈安格斯·卡宁厄姆的提醒下，认真思考一个问题：自己所付出的劳动，对得起客户的信任吗？后来，思索这一问题渐渐变成了他所固有的一个工作习惯。每天下班之前，大前研一都会反问自己：今天完成的工作能够实现客户的价值吗？我的专业水准还有何改进之处呢？如果感觉不妥，他便会静下心来，坚持做完相应的工作再回家。为此，大前研一说："麦肯锡之所以能够保持人才的层出不穷，就是因为麦肯锡人这种对工作负责的积极态度，否则，工作不彻底，也就无法成为专家了。"

时至今日，大前研一已经成为日本最知名的管理学宗师，日本许多非常著名的公司，通常在制定竞争战略时会寻求他的帮助，而他的建议同样深受美国和欧洲跨国公司的欢迎。

当一个人具有强大能量的时候，世界自然会与你连接。

解疑答惑

小Q提问：我以前穷困潦倒的时候没有人帮助我。现在我也算是个成功人士了，那些人又开始巴结我了，我从心底厌恶这些人，我该怎么跟他们打交道？

作者回答：你的成功使以前远离你的人现在开始巴结你，这说明这些人确实是趋炎附势。但是你反过来想想，你会不会去帮助一个一事无成的人呢？除非你们之间有特殊的关系，否则你是不愿意伸出援助之手的。在人际交往中，我们不用怕被人利用，而更应该担心自己没有被利用的价值。当你成功的时候，自然就会有人跟你结交了。

小Q提问：我毕业于一所名牌大学，学的是很热门的管理类专业，但是在一家小公司工作，我想有进一步的发展，却苦于没有出路。我该怎么办?

作者回答：你的现状确实不容乐观啊，但是，很多人都是从底层做起，慢慢积累经验才能成功。这也是一个提高自己能力的过程。年轻人不要好高骛远，要脚踏实地，先把自己锻炼成一个有能力的人，然后寻找机会。当你足够优秀的时候，相信你一定会遇到伯乐，康庄大道就摆在你面前。

视野越宽，你的世界就越大

最善于创业的人，

莫过于那些“空手套白狼”的智者了。

成功更需要智慧

有一天，王利平在与朋友的闲谈中得知某高校招标修建教师宿舍200多套，但因为校方的报价太低，每平方米1 900元，所以没人愿意投标。

几天后，王利平因事路过该学院，距学院200米有一块地空着，约20亩，他打听后才知道，这是属于某地产公司的。再经过仔细调查，他了解到该地产公司的现状：地产公司属于某银行，由于产业结构调整，金融业不得经营房地产业，所以公司已经停业，正在准备注销。那块地已经规划了五年，为容积率4.5的商用住宅，但现在却成了公司的包袱。公司正在准备以3 300万元的价格将其打包出售，这个“包袱”除了这17亩地外，还有1个加油站、5亩旺地、23套位置良好的新建住宅、一个400平方米的餐厅、一套150平方米的办公用房、2辆车、16部电脑。目前有3家公司在谈，价钱都同意，但是他们都不愿意将所有的资产买断，导致公司无法顺利注销。

王利平回家后，将这笔账算了一下。

高校修建教师宿舍204户，约3万平方米，包括配套、绿化和管理费约每平方米1 200元，共需3 600万元。地产公司的“包袱”：按最低价钱，加油站市值500万元，5亩旺地值500万元，23套位置良好的新建住宅每平方米1 200元，散卖值250万元，一个400平方米经营良好的餐厅值50万元。目前迅速脱手总共可得1 300万元。土地价值1 400万元，即每亩价值822 529元，摊入建筑面积，每平方米467元，因此该商品房的开发成本不超过1 700万元。

“这是很有竞争力的价格！如果我能将土地价钱谈下来，将全是我的利润！”王利平这样想。

于是，接下来，王利平进行了一系列具体的操作：

王利平找到高校校长，告诉校长他准备投标修建教师宿舍，均价每平方米1 700元。校方当然求之不得，于是马上草签了合同。之后，王利平与某建筑公司签订合作合同，让对方出资2 250万元，协助王利平收购地产公司，并一同运作教师宿舍项目，保证他们能够得到利润500万元，时间不超过半年。建筑公司很爽快地答应了。王利平用地产公司的名义和高校签订了均价1 700元的教师宿舍修建合同。由高校给他们的教职员工担保，施工到达3层后，银行方面立刻开始20年70%的按揭。

半年之后，王利平的账本记录是：收入共计9 700万元。

有智慧，方能有视野

中国人最善于“运筹于帷幄之中，决胜于千里之外”，因为中国人最精通谋略。所谓谋略，就是为了达到目标所采用的间接的、神奇的、不合规律的，甚至令人惊慌的手段，是深藏不露的政治计谋、运筹帷幄的军事战略战术、事半功倍的做事方法及人生策略。

“成事在天，谋事在人。”能否通过现有的资源创造更多的财富，关键就在人。对同一件事情，不同的人看法是不一样的。

有一个老板要在工地里选一个工人担任包工头，于是，他到工地上亲自考察了一番。

他问第一个工人：“你在做什么？”工人头也没抬，没好气地说：“做什么你看不到吗？我在用铁锤敲碎这些该死的石头，这真不是人干的活。”

接着他又问第二个工人同样的问题。第二个工人回答道：“都是为了挣钱养家，要不然，谁愿意干这种粗活呢？”

同样的问题，第三个工人的回答却让老板眼前一亮。这个工人回答道：“我正在兴建一个雄伟华丽的教堂，这将会是这座城市最大的教堂，可以容纳上千人来做礼拜。虽然敲石头的活比较累，但是一想到将有无数人在此地接受上帝的爱，我心里便感到很自豪。”

结果，当然是第三个工人成了管事的包工头。

作为打工者，他们将来的命运是不一样的。原因就在于他们的视野不一样。人的视野源于人自身的智慧，这样的智慧会让他选择周围对自身有利的因素，从众多的人中选取对自己有利的人际关系，并建立高质量的人际关系网络。而视野越宽阔，智慧也就越深远，人际关系网络也就越大。

用互联网思维打通一切，连接一切

互联网时代，迭代更新更加迅捷，人与人之间的交际往往随着事物的变化而变化。当我们懂得拥抱变化，我们也就能拥抱变化中的每一个人。

在互联网思维冲击下，许多商界大佬开始学会重视与外部的连接，与客户的连接，与粉丝的连接，连接与互动一时仿佛成了商业的本质，火爆的小米自然是一成功的举证。跨入2015年，这样的变化也将变得更加猛烈，万达地产的王健林就在新年年会上宣讲道："特别是副总裁级以上的领导，必须要有互联网思维。什么叫互联网思维？就是要敢于拥抱互联网，而不仅仅把互联网看成工具。怎样教育大家形成互联网思维？执行层要研究一个办法。"

即使一贯以自主研发精神著称的华为，也是如此强调与外界的连接，打开视野，拥抱一切。在任正非看来，"自主创新"一词本来就存在一个误区：研发团队很容易为了"自主"而建立一个封闭的系统，进而故步自封。

任正非说："我们在创新的过程中强调只做具有优势的部分，别的部分应该更多地加强开放与合作，只有这样才可能构建真正的战略力量。"

"为什么要排外？我们能什么都做得比别人好吗？为什么一定要自主？自主就是封建的闭关自守，我们反对自主；我们一定要避免建立封闭系统，一定要建立一个开放的体系，特别是硬件体系更要开放。不开放就是死亡，如果不向美国人民学习他们的伟大，就永远战胜不了美国。开放的心态对于保证研发的方向至关重要，否则就会‘闭门造车’，我们今天的创造发明不是以自力更生为基础的，是一个开放的体系，向全世界开放，而且通过互联网获得巨大的能力，华为也获得巨大的基础。”

任正非鼓励和要求华为的高层要敢于端一杯咖啡，与世界上的大人物撞击思想。“地球村就是一个开放式大学，处处有学问，处处值得华为人去学习。”他说。

的确，闭门造车者只会“发明”出不符合时代潮流的产品，融汇百家之所长，方能成就自身的独特优势。同样的，在社交关系的拓展上，我们一样需要用互联网的思维、用商业化的追求打通一切，连接一切。

解疑答惑

小Q提问：我为公司效力了这么多年，还是公司元老级的人物，但是公司最后还是把我解聘了，这是为什么？

作者回答：排除公司发展的外部条件，你觉得自己不应该被解聘，原因是什么？因为你是元老级人物，是老员工。但是，你的能力有没有随着外界竞争压力的增强而提高呢？如果你没有反思自身的不足，没有想办法晋升，没有更多的利用价值，那你被解雇是很自然的事情。

小Q提问：我觉得我自己工作很出色，可是我的人缘不好。我觉得这是我周围的人冷落了我，责任不在于我。

作者回答：你认为自己很优秀，是别人不够重视你，那么你可以进一步思考：为什么别人会不重视你呢？肯定还是你自身有一些不足之处的。做人的智慧在于守得住现在，看得到将来。你对自己自信很好，但是也要客观地评价自己。做事要有头脑，考虑他人的感受，不要一遇到不开心的事就把错误归到别人身上。如果你斤斤计较这些小事，那你离成功就更遥远了。

第九章 永远保持独立性

社交网络中蕴藏着无尽的机会，同样也潜伏着许多危机，只有在交往中求同存异，坚持自我，有效规避那些骗局和陷阱，我们才能保证自己在交际中立于不败之地。

用自己独特的气质吸引他人

淡淡花香会引来蜜蜂，

就算是臭味也会引来苍蝇！

观众心目中的“无冕之王”

在2004年的雅典奥运会上，男子单杠决赛出现了一个小插曲。28岁的俄罗斯名将涅莫夫第三个出场，他连续腾空抓杠，难度系数非常大，他出色的表演赢得了满堂彩。但美中不足的是，他出现了一个小小的失误——涅莫夫落地之时，向前挪动了一步。因此，裁判给他打了一个不甚满意的分数——9.725分。

就是因为这个分数，观众开始骚动不已。他们全场站起来，口里喊着“涅莫夫、涅莫夫”，为了表示对裁判的不满，还发出嘲讽的嘘声。这是奥运史上罕见的场面，比赛被迫中断。而此时，第四个出场的选手——美国的保罗，业已准备就绪，面对观众的嘘声，他茫然无措，只好尴尬地站着。

就在这时，大度的涅莫夫站了起来。他深鞠一躬，向观众们致意，感谢他们的爱戴和支持。观众们的情绪却更加激动、不满，他们又发出连续不断的嘘声，并做出很多不雅的举动。

裁判面对如此大的压力，也只好被迫改分。改分后，涅莫夫得了

9.762分。可是，这个分数依然不能令观众满意，他们嘘声不断，发泄新一轮的情绪。

面对此情此景，涅莫夫重新回到赛场。他面对观众又是挥臂，又是鞠躬，然后，他伸出右食指，做了一个噤声的手势。他循循善诱地劝慰观众，一定要保持安静，给下一位选手保罗提供一个良好的比赛环境。

正是由于涅莫夫的宽容，中断的比赛得以继续。虽然在那次比赛中，涅莫夫与金牌擦肩而过，有一点儿遗憾，但他的宽容大度以及出色的表现，却成为观众心目中的“无冕之王”。

唯有你身上的迷人气质令人追随

不是每个人都有涅莫夫这样的气度和修养，他们可能因为一件小事而对某个人或某件事耿耿于怀，以至于无时无刻不在琢磨怎样以牙还牙。殊不知，这样做对自己的危害更大。涅莫夫在他的粉丝中就是一个群体的领袖，这个领袖的一举一动，决定着整个他的粉丝群体里人们的情绪和判断。

有点愤青的罗永浩，一直以来个人风格都十分鲜明，喜欢他的人很多，讨厌他的人也很多。在最初的锤子手机发布会上，几乎所有人都在怀疑锤子手机最低3 000元的售价是否定位过高，支持罗永浩的锤粉们两眼一瞪，用着极其高冷的语气说道：“3 000元买的是情怀，你们不懂！”

这就是罗永浩与他追随者之间的心理关系。不同于小米手机，从发烧友开始召集粉丝，锤子手机一开始就是以罗永浩个人的鲜明性格特质决定着其产品的气质。罗永浩的情怀在他的字里行间展现得淋漓尽致，这样的文字比比皆是。

“每个生命来到世间，都注定改变世界，这是你的宿命，你别无选择。你要么把世界变得好一点，要么把世界变得坏一点。你如果走进社会，为了生存或是为了什么不要脸的理由，变成了一个恶心的成年人社会中的一员，那你就把这个世界变得恶心了一点点。如果你一生耿直，刚正不阿，没做任何恶心的事情，没有做任何对别人造成伤害的事情，一辈子拼了老命勉强把老婆、孩子、老娘，把身边的这些人照顾好了，没有成名，没有发财，没有成就伟大的事业，一生正直，最后梗着脖子到了七八十岁死掉了，你这一生是不是没有改变世界？

你还是改变世界了，你把这个世界变得美好了一点点。因为你，这个世界又多了一个好人。每个生命来到世间，都注定改变世界。所以将来有一天你心里挣扎，不知道要做一个流氓，还是做一个正直的人。你在彷徨的时候，希望你记得我今天给你讲的这句话，每个生命都注定改变这个世界。”

你都有能力把别人弄到感动，其他的事还难吗？！正如一位罗永浩的粉丝谈到他对自己的影响时所说：“大三、大四面临离开校园走向社会的时候，当时比较迷茫，一来是离开熟悉的环境对于陌生环境的一种焦虑；二来由于在大学里也接触了一些中学里接触不到的信息，现实生活的残酷让我的价值观和世界观有一些迷茫。这个时候我恰巧听了两场老罗关于理想主义者的创业故事的演讲，这两场演讲对我产生了不可估量的影响。他向我展示了即使是在如此复杂的社会中保持心灵的纯洁，做一个‘好人’仍然是极具价值的。

正如老罗所说：‘通过干干净净地赚钱让人相信干干净净地赚钱是可能的，通过实现理想让人相信实现理想是可能的，通过改变世界让人相信改变世界是可能的，即使是在中国。’这句话深深地打动了我。”

把自己当成独一无二的宝贝

做回我们自己，在互联网时代，只要能打造出独特气质，就可以让自己获得一批欣赏者、追随者。

正如老罗所说，每个人都是特别的，都是为了改变这个世界而来到这个世上。想与他人友好地交往，在我们的内心，还需要相信自己是一个有价值的、值得对方信任的人。

有一个年轻人，向高僧请教如何变得有人缘。高僧指着草地上的一块石头说：“明天，你把它拿到集市上去卖，但不管是谁，不管出多少钱要买这块石头，你都不要卖。”

年轻人捡起石头，来到集市卖石头。第一天、第二天无人问津，第三天有人来询问，第四天，已经有人愿意出五文钱（相当于1元人民币）来购买这块原本一文不值的石头了。

这时，高僧对年轻人说：“明天，你把石头拿到石器交易市场去卖。”

年轻人照做了。第一天、第二天人们视而不见，第三天，有人围过来问，以后的几天，石头的价格则被抬得高到石器的价格。

之后，高僧又让年轻人将石头拿到玉器市场卖，几天后，石头涨至玉器的价格。接着，高僧又让年轻人把石头拿到珠宝市场上，结果可想而知，这块石头涨至了珠宝的价格。

其实，世界上的人与物皆是如此。如果你认定自己是一块不起眼的陋石，那么你就是一块陋石；如果你坚信自己是一块无价的宝石，那么你就是一块宝石。

解疑答惑

小Q提问：我加入了吉他协会，但是，好像除了弹吉他也学不到其他的乐理知识，这是怎么回事?

作者回答：你加入的是吉他协会，这个协会的成员重点就是弹吉他，所以会很少涉及乐理知识。如果你想学习更多乐理知识，还是要找对朋友圈。

小Q提问：我们班长特别差劲，每次自己都不干活，却把好处分给跟他关系好的人，我实在看不过去，也不想跟他们同流合污。我该怎么办?

作者回答：看不惯你们班长的作风，你可以提意见，甚至在下一届选举的时候毛遂自荐，跟同学们陈述这个职位的重要性或向班主任反映问题。毕竟一班之长会影响班级的整体风气。

大多数人的观点就一定对吗

加入一个朋友圈，

可以减少孤立感，

但也可能使你成为盲从者！

我们都不愿意被孤立

一个老头儿和孙子一起到集市上去卖驴。

刚开始，孙子坐在驴背上，爷爷牵着驴走。这时，走过来一个路人指责孙子不孝，怎么能让老年人走着而小孩儿坐着。于是，孙子马上从驴背上下来牵着驴走，而爷爷骑上了驴。

不一会儿，又有一个人过来对老头儿说："让小孩子走你却坐在驴背上，你这个长辈不会是在虐待孙子吧？"老头儿听了连忙从驴背上下来。

这下怎么办？干脆，爷孙二人都骑上了驴背。

走到市集，就听到有人在旁边指指点点，还说："爷孙俩都骑在驴背上，真没良心，不顾驴的死活。"爷孙俩越听越不得劲，只好都下来，徒步跟着驴走。

不久，又听到有人笑话他们："放着现成的驴不骑，真是两个傻瓜！"爷爷听了苦笑着对孙子说："现在还剩最后一种选择，就是咱爷俩抬着驴走了。”

你是不是也在“随大流”

这虽然是一则笑话，却反映了从众心理对人们行为的重大影响。爷孙两个被他人的各种看法影响，最后做出了荒唐的事情。我们也常常处在这样尴尬的境地。比如说，看见有人炒股票发了家，自己也去炒股，结果弄得倾家荡产。这就是典型的从众心理。

所谓从众，是指个体极容易受到群体的态度和看法的影响，从而改变自己原来的认知和行为。它是个体主动与群体保持一致的行为。在生活中，人们经常会有意无意地表现出从属于大众的行为，就是俗话说的“随大流”。

在一个笑话演讲大赛中，根据人们的笑声来评定笑话的好坏。

一段不怎么好笑的笑话，你本来没有笑。如果你听到大家都笑了，你也开始拼命笑，并且为了证明自己的幽默感，你会更卖力地笑；另一个觉得笑话不好笑的人坐在你身边，看到你笑得如此动容，便开始怀疑自己的幽默感，为了不被大家看出自己的心虚，他也会卖力地笑，来进行伪装。

再说那些开始笑的人，他们可能也只是因为感觉听到笑话就应该笑所以象征性地笑了一下。但听到你和另一个人笑得很开心，就会以为原来有人领悟了笑话的真谛，或许这个笑话确实值得笑，于是他们也笑得更加投入了。

于是，一段不好笑的笑话却赢得了最高的笑声，成为冠军。

确切地说，在一个朋友圈中，遵从大多数人的行为模式确实可以让你更快地融入这个社交群体，消除孤立感。但是，并不是所有的规矩都适合你，盲目地遵从规矩，会使你失去判断是非的能力，你也许会在这个过程中渐渐失去“活出自我”的信念，从而成为一个人云亦云的社交群体的附庸物。

想一想，你为什么会从众？

当你个人的观念与朋友圈整体的观念不一致时，你就会变得犹疑不决、十分困惑。也会因此备受从众压力的煎熬，同时又害怕被孤立。

在这种情况下，个体就会放弃自己的独立性，而依从于朋友圈的规则。这样的从众心理就在你心中占据了主导地位。那么，要对症下药，还是要看看你为什么会产生从众心理。

1.我们害怕被孤立。害怕被孤立、寻求亲近感是人的心理本能。在群体中，个体处于弱势的地位，他总是依赖于群体而存在的。所以，个体为了寻求自身的安全感，总是会让自己与群体保持一致。

2.外界权威的压迫。从众行为有时候还会受到外界权威的压迫。这就显现为被迫从众的行为。也就是说，在权威人物的指引下，人们会不计后果地按照命令行事。世界各地的领袖崇拜大都是基于这种心理。事实上，这也是人们的一种自我保护方式。

3.服从于社会规范。生活中，随大流的现象十分常见。当人们接受了一个社会角色或者屈服于一种社会规范时，就会更多地表现出从属于某种社会群体的行为。

特立独行也许是需要勇气的，脱离群体不是每个人都能够做得到的。但是，不在群体中丧失自我的独立意识一直以来就是一个重要的成功法则。

解疑答惑

小Q提问：我笑点比较低，听到一个很普通的笑话也会笑，之后周围的人也会跟着我笑。但是，我跟他们的关系并不是特别好，这是为什么？

作者回答：你的笑会引发别人的笑，并不是因为这个笑话好笑，也不是因为你的个人魅力，而是你周围那些人的从众心理。看到别人做什么，也会相应地模仿。看清你跟周围人的关系，这只是大众的一种从众心理，其实你不必苦恼。

小Q提问：我是一个很个性的人，经常身着所谓的奇装异服，但是我觉得这样挺好的，可为什么就是不受周围人欢迎？

作者回答：你的穿衣风格跟大众潮流不一致，很自然地被视为另类。人都喜欢跟自己相似的人、希望符合自己的审美标准。但是这一标准往往是大众的标准，并不是个人的标准。其实你可以保持自己的风格，只要在重要的场合着装得体就可以了。

惊人的一致，往往只是假象

你的声音太小，

会被朋友圈的其他声音淹没！

大声音会被放大，小声音会消失

强纳森和马克参加公司出游的意见征询会议。

他们本想提议去国内周边地区玩玩。结果会议一开始，就有一个大嗓门的员工倡议要去外国某小岛度假。有几个人就开始跟着讨论究竟去哪个国家出游比较好，如何集资，等等。

强纳森吞吞吐吐地小声说："我们最好在国内找个地方玩……"但是大家似乎都没有听到他的话，还热情地问他是不是更想去附近的国家。

结果强纳森和马克都没有再参与讨论，他们认为这是一场不民主的讨论。

而事实上当公司决定去某国出游后，三十多个项目员工中，只有五个人报名参加，其他人宁可留下来上班。

一致背后的假象

大的声音会被放大，小的声音会随之淹没。有时候，我们达成的一致，只是朋友圈里其他人对那个最大的声音的附和。其实，很多人都有过这样的经历。

当一个学生站起来回答问题时，如果他自己并不是很确定答案，他往往会竖起耳朵听大家的意见，当他用极其微弱的声音说出了自己的答案A时，突然听到有人大声地喊出了B，于是马上就改口选B，他看看那个喊出答案的人，看到他正满意地点着头，于是心存感激。

他萌生了一种信念——多数人都认为应当选B，这才是正确答案。当老师再次追问时，他更加肯定地回答是B。

而实际上，正确答案是A。其实沉默的大多数可能都认为应当选A，只不过没有那个敢于大声喊出答案的人那么自信、果断。当大家听到有人比自己自信地喊出不同答案时，大家都开始怀疑自己，为了不出错误，变得更加沉默。

在朋友圈中，出风头的主观意愿往往得不到良好的回报，更多的会招致别人的非议。因此大部分群体成员宁愿采用一种相对没有风险性的手段来获得群体中其他人的好感，那就是表现得更加支持多数人的观点。这就是心理学上沉默的螺旋理论。

在一个富于创业精神的团队中，大多数人都是敢于冒险的，人们不喜欢那些保守行事、谨小慎微的人。于是每个人都会表现出大胆、愿意冒险，尽管自己其实并非如此。他们害怕被群体中的大部分成员看不起。

并且在这种认识下，每个成员都会不断修饰自己的立场，让自己和别人比起来不会显得胆小，在这样的相互比较中，个体越来越大胆，而群体将冒险精神发挥到了极致。

我们发现，这种认识基于某种社会比较的基础——人们希望通过与他人的比较使自己显得符合这个朋友圈的要求。因此，那些急于获得朋友圈认同的人，特别是那些地位较低的群体成员更愿意放弃自己的观点。

人们只是讨厌少数反对者

人们之所以会从众，一方面是认为大多数人总是正确的；另一方面就是迫于群体认同的压力——即便不相信多数人的意见，但是为了能够不被群体疏离，为了能够被群体普遍认同和接纳，跟多数人持有相同意见是一种明智的选择。

大学二年级学生苏珊与四个同学一起收看一位总统候选人的电视演讲。这位候选人给苏珊留下了很好的印象，她认为这位候选人比其他人更加真诚。

演讲结束后，其中一位同学发表了自己的观点，她认为这个候选人很虚伪，所以她倾向于另一个人，其余几个人都随声附和。

苏珊有些犹豫，但是她最终还是低声地说："我想他看上去虽然诚恳，但其实是很虚伪的。"

迫于多数人的压力，苏珊推翻了自己的看法。她之所以这样做，是因为她知道自己的观点会招致同伴们的反驳，更可能让大家对自己产生不满。有时候，我们不去选择那个持正确意见的人，只是因为我们讨厌少数反对者。

解疑答惑

小Q提问：我的观点是对的，但是我不敢大声辩驳。我相信会有很多人跟我意见一致。但是大家都默不作声，最后大家还是否定了我这个观点，我心里很郁闷，这到底是怎么回事?

作者回答：你的观点是对的，但是你不敢辩驳，不敢推翻现有的观点，最后不得不选择沉默。而周围的人即使认为你的观点是对的，但是支持你的呼声太小了，所以大家就会选择支持大众的观点。这种心理是可以理解的。你以后要更加勇敢地表达自己的观点。因为很多时候不是你的观点不够严谨，而是你没有突破人们从众的心理。

小Q提问：我是一个很胆小的人，经常别人说什么我都会认同，对于自己内心的想法不敢肯定，老是人云亦云，我该怎么办?

作者回答：你的性格确实偏向于胆小型，你也不是很自信。这样的性格会让你更容易受到从众心理的影响。你首先要建立信心，然后努力提高自己，多学习，勇敢地表达自己的观点。你可以暗示自己："即使错了，也没什么的。"其实，你要克服从众心理，肯定自己的观点。还要相信你自己可以做得很好。

与其盲目追随，不如另辟蹊径

宁可特立独行、被人唾弃，

也不做朋友圈里的盲目追随者！

要走自己的路

美国著名女演员索尼亚·斯米茨的童年是在加拿大渥太华郊外的一个奶牛场里度过的。

当时，她在农场附近的一所小学里读书。有一天，她回家后很委屈地哭了，父亲就问她原因。她断断续续地说："班里一个女生说我长得很丑，还说我跑步的姿势很难看。"父亲听后，只是微笑。忽然他说："我能摸得着咱家的天花板。"正在哭泣的索尼亚听后觉得很惊奇，不知父亲想说什么，就反问："你说什么？"

父亲又重复了一遍："我能摸得着咱家的天花板。"

索尼亚忘记了哭泣，仰头看看天花板。将近四米高的天花板，父亲能摸得到，她怎么也不相信。父亲笑笑，得意地说："不信吧，那你也别信那女孩的话，因为有些人说的并不是事实！"

索尼亚明白了，不能太在意别人说什么，要走自己的路。她在二十四五岁的时候，已是个颇有名气的演员了。有一次，她要去参加一个集会，但经纪人告诉她，因为天气不好，只有很少的人参加这次集会，会场的气氛会比较冷清。经纪人的意思是，索尼亚刚出名，应该把时间花在一些大型的活动上，以增加自身的名气。

索尼亚坚持要参加这个集会，因为她在报刊上承诺过要去参加，“我一定要信守诺言。”结果，那次在雨中的集会，因为有了索尼亚的参加，广场上的人越来越多，她的名气和人气也因此骤升。

后来，她又自己做主，离开加拿大去美国发展，从而闻名全球。

你为什么会盲目追随别人

索尼亚自己拿主意，并不是一意孤行、孤芳自赏，而是忠于自己，相信自己，不轻易被别人的思想所左右。人人都有从众心理，人们常常会为了顾及面子而依附于他人的思想和认知，从而失去判断能力，处处受制于人。这真是一种莫大的悲哀。所以，我们要有自己的主见，不可盲目地追随别人。

很久以前，在一个小山村中住着一对兄弟，哥哥叫柏波罗，弟弟叫布鲁诺。兄弟俩有着相同的理想：有朝一日成为村里最富有的人。

有一天，机会来了。村里雇用兄弟俩每天把河水运到村里，并按桶提供报酬。

兄弟俩抓起水桶就奔向河边。第一天在他们领到应得的报酬之后，弟弟布鲁诺高兴地大喊：“我们的梦想终于可以实现了！”但是，哥哥柏波罗却不以为然。他害怕每天都要做同样的工作，而且累得腰酸背痛，手脚起泡，于是发誓要建出一条管道，将河水引到村里。当他把这个计划告诉布鲁诺时，却没有得到支持。

就这样，布鲁诺依然每天提水，而柏波罗除了提水外，还要建造自己的管道。

终于，管道完工了。从那以后，柏波罗再也不用每天提水了。无论是在他吃饭、睡觉，还是周末出玩时，水都会流入村子里，与此同时，柏波罗口袋里的钱也越来越多。

柏波罗的成功在于他敢于反思自己的现状，是不是自己的路选错了，并及时开辟新道路。布鲁诺就是一个盲目按照传统方式来行动的人，他重复着别人艰难的成功之路，不敢大胆创新，但这也是有心理根源的。

人们一旦做出了某种选择，就好比选择了一条没有回头的路，无论这个选择好坏与否，都会有一种惯性的力量不断地进行自我强化，从而使你深陷其中，不能自拔。这种现象被称为“路径依赖”。

莱俱是如何打动面试官的？

智者能主宰自己的命运，并善于利用社交网络环境。荀子说：“君子生（性）非异也，善假于物也。”当别人对你说“快看这儿”或“快瞧那儿”的时候，请不要盲目地追随他们，因为自己的判断很重要。我们要按照自己的个性生活，尽情地展示自己的天性和美丽，而不是盲目地追随别人。

这是印度电影《三傻大闹宝莱坞》中，莱俱面试时的场景：

还没有拿到毕业证的莱俱，坐在轮椅上前去面试。面试官看到他的成绩单，问他：“你的成绩一直不好，原因呢？”

“害怕。”莱俱镇定地继续说，“我从小就是个好学生。父母希望我能结束他们的贫穷，这让我害怕。而这里的竞争又很疯狂，不是第一就什么都不是。我的恐惧与日俱增，恐惧真的很影响成绩。因此我戴了很多的神符和圣戒。祈祷神的厚爱，不，是乞求。16根断骨给了我两个月时间来思考和反省，终于让我想明白了。今天我不是向神乞求一份工作，仅仅为这生命向她表示感谢。如果被拒绝，我也不后悔，我这一生仍会去做有价值的事。”

面试官虽然表现得很感兴趣，但还是说：“这种直率的言谈对我们公司没有好处，我们需要老练圆滑点儿的人来应对客户，而你太直爽了。但是，如果你能保证控制自己的态度，我们可以考虑你。”

大家都以为莱俱会妥协，但他没有：“断了两条腿才让我真正站起来，好不容易才拥有这种心态，我不会改变的，先生。你们保留这份工作，而我保留我的态度。对不起，无意冒犯，先生。”说完，合上文件，转动轮椅，离开。

但他刚走不远，就听到面试官说“等等”，他回过头，却听道：“25年来我面试了无数应聘者，为了得到工作，每个人都变成了好好先生，甚至放弃自己的自尊。你从哪里来的，孩子？

莱俱不解：“先生……”

面试官笑着说：“我们要谈谈薪酬吗？”

这时，莱俱才明白面试官的意思，感激地说：“谢谢您，先生。”

就这样，莱俱凭借自己的坚持，赢得了一份众人美慕的工作。

莱俱之所以会打动面试官，是因为他敢于坚持自己观点，是有独立想法的人。如果他一味地迎合面试官的想法，那么结果很可能是“抱歉，你不是我们需要的人。”

解疑答惑

小Q提问：我好多同学都有自己喜欢的明星和偶像，可我实在找不出自己喜欢的明星来。他们觉得我很落伍，我自己也很苦恼，我该怎么办?

作者回答：你的苦恼在于你跟其他人不一样，别人有偶像，你没有。其实这又能说明什么呢？你害怕成为这个朋友圈中的异类，所以才会苦恼。其实，每个人的审美都是不一样的，你可以继续坚持你的生活方式和审美观，不要盲目跟风。

小Q提问：我是一个很中庸的人，经常采取折中的态度，我觉得自己特别没有主见，老是像和事佬一样，我怎样才能有自己的主见呢?

作者回答：中庸其实是将两个极端的看法进行折中，但这并不影响你对事物的判断。因为，有些问题我们必须要奉行中庸之道。但是，人总要有自己的主见，不能事实折中，盲目中庸。建议你做事情要有自己的判断。

警惕社交中的“向下比较”心理

一个破坏者，

会带动周围的人一起破坏！

一个烂苹果会使一筐苹果烂光

一个农民留下了一筐苹果，当时只有几个苹果局部有溃烂，有人建议他把烂苹果丢掉，但农民舍不得。他每次挑出一个烂苹果吃，把烂的部分削去，把剩余的好的吃掉。

慢慢地，他发现烂苹果不但没有被吃完，反而越来越多，腐烂越来越严重。结果没有几天，一筐苹果全都烂光了，一个都不能吃了。

好苹果和烂苹果放在一起，都会成为烂苹果。我们应该把好苹果与烂苹果分开，避免好苹果被烂苹果拖累。把好苹果挑出来，把烂苹果坚决地扔掉，吃也吃得痛痛快快、开开心心。

警惕坏习惯的传染

一个烂苹果，如果不能被及时发现并丢弃，就会使一大箱好苹果都烂掉，而且如果我们不舍得把烂苹果坚决地扔掉，我们吃的将会一直都是烂苹果，这就是著名的“烂苹果效应”。

烂苹果具有传染性。在群体中，个人的缺点、惰性及消极心理因素也会不断蔓延，传染给整个群体的成员。其特点是刚开始的效应很缓慢，但是经过一定时间的积累，量变引起了质变，大家的行为迅速发生变化，最后趋同。

在足球、篮球、棒球等团队竞技项目中，消极情绪的传染相当常见。在赛场上，我们常常能够观察到，一支球队中的某位主力球员遇到了挫败或不公正的对待，情绪波动十分大，会出现放弃比赛的消极情绪，表现得漏洞百出、相当松懈。而不久，其他成员也会被他的情绪所感染，认为自己的队伍回天无力，纷纷丧失了应有的斗志。

我们自己也有机会经历类似的境遇。比如在某次拔河比赛中自己的班级代表队输掉了比赛，回到班里，几个参赛者哭了。尽管这只是一场不足一提的荣誉之战，但是看到他们哭了，其他的同学也忽然体会到一种严重的挫败感，于是全班都跟着一起哭了起来。

再比如在一个企业之中，大家都干得好好的，某一个人突然抱怨起工作量太大，于是大家发现似乎是自己忽略了这个问题，开始你一言我一语地谴责起公司没人性。渐渐地，越说越搓火，于是有人开始消极怠工，有人开始另觅出路。

其实，我们都会或多或少地受到外界的影响，但是相对于好的习惯，人们更倾向于进行向下的比较。

向下比较更容易

在朋友圈里，比较无时无刻不在发生。尽管我们都知道向上的积极比较能够促使自己不断进步，但是多数情况下，人们还是倾向于进行向下的比较。因为向下比较更容易，不会带来焦虑和压力。我们常常可以看到一些熟悉的向下比较的现象。

比如某员工申请晋升失败，就会安慰自己，至少不像另外一个同事那样被降职；学历低的人会因为挣钱多而觉得学历高的人也没什么用；工资低的人也可能会因为学历比老板还高而变得不可一世。

人们总能够为自己找到向下比较的机会，让自己活得更开心更有“尊严”。但实际上却是再让自己逃避不足，不愿进取，拒绝提升自己的人生价值和社会价值。

群体内部，比较时常发生。通过比较，成员可以明确自己的价值与地位，进而获得自尊。但更多时候，朋友圈外部人员总是习惯努力地找出朋友圈中较差的代表来进行对朋友圈评估。

比如说大学生群体中出现了一个杀人犯，人们便推知大部分大学生心理都不健康；比如传说某个地区的警察殴打了犯人，人们就对整个警察群体下滥用职权的定义。这个时候，尽管大学生群体中可能涌现出十几个甚至上百个健康向上的典型。尽管人们所能见到的警察都是奉公守法、善待他人的，但始终无法去除污名化带给群体的负面效应。

与优点相比，我们更喜欢关注别人的缺点，这也是一种本能。

在社交网络中也是这个道理。或许朋友圈内部的成员无法觉知，但是社交网络外部的人很快就会发现朋友圈中较差的那些人，然后将其视为朋友圈的代表，形成对整个朋友圈的较差评价，由此，导致整个朋友圈成员都面临外界的否定之声。

解疑答惑

小Q提问：我们公司一个员工老是迟到，领导也不处罚他，大家看在眼里，后来就有更多的人迟到了。也是我比较倒霉，迟到了一次，被批评了，为什么我是替罪羊?

作者回答：领导刚开始没有处罚迟到的人，可能是出于宽容。但是，员工都会受到影响，并纷纷迟到。这种坏习惯要是延续下去对公司不利，迟早是要整顿的。其实，你应该坚持自己的原则，遵守公司的规定，不要因为别人迟到，自己就懈怠。

小Q提问：我不就是离婚了吗，领导居然说我家庭问题影响不好，这是我失去晋升机会的原因，我无法理解，为什么我的私事会影响到我的工作?

作者回答：一般来说，私生活是不会影响到你的工作的。但是，你的不足有可能与别人的优势形成对比，凸显了他们自身的价值；另外，缺点和不足等消极信息会引发人们不愉快的情绪，而不愉快的情绪往往比愉快的情绪更容易被自身感知。人都会偏向注意对方身上的缺点，尤其是你的竞争对手和下属。所以，私生活中的不良一面就会产生不良影响。

人越多，责任心反而越下降

在朋友圈里，

每个人都要主动承担责任。

让“旁观者”去出手吧

1964年3月27日的《纽约时报》报道了一起发生在纽约皇后区库尔花园的惊人谋杀案。

3月13日凌晨，28岁的酒吧经理基努维斯在下班回家的路上，被一个男人袭击。在半个多小时的时间里，凶手3次在中断作案后又返回，最后将她杀死。

期间，因为邻居的说话声和突然亮起的台灯，凶手曾经被吓跑过，可是没有人报警，于是凶手又找到被刺伤的基努维斯，最后将她杀死。

许多住在皇后区的市民看到了这一场面，奇怪的是，居然没有人出手解救被害的女子，也没有人想到打电话报警。直到被害人死后，才有一名目击者给警察打电话报警。

案发当时，住在皇后区的目击者都知道别人也发现了这桩行凶事件。但是人们想当然地认为，别人会出去、别人会报警。

人越多，责任感反而越弱

这是心理学上的一个经典案例。众人之所以认为会有“旁观者”去救人，就是出于一种“责任分散”的心理。这个错觉之所以会产生，是因为人们普遍存在一种启发式的思维偏差：我们往往喜欢以个体事件发生的概率代表整体。

比如一个社交群里有100个人，我们会根据表面上的数据推理出除了自己还有99个人会去完成某件事情。也就是只有1/100这么微小的可能性轮到自己。而事实往往只能意味着这99个人分别都有99/100的机会不去做这件事情。因此，这件事情由别人来完成的概率远远大于自己。于是，在我们心中，责任就变得分散了，分散到甚至可以忽略不计。

办公室门前放着一株盆景，需要每天有人浇水。每个员工每天都要经过这株美丽的绿色植物走到自己的工位上。人们有时会驻足观赏片刻。

每个员工在中午休息的时候总会有那么一种冲动，想给这带来生机的绿色精灵浇一些水，但是转念一想，没准大家都像自己这么想的，很多人可能已经做了，如果自己再浇水，植物就会因为水太多而腐烂。

然而过了一个多月，人们发现这株植物快要枯萎了，叶子开始发黄、发干，有些已经脱落了。原来一直以来没有一个人给这株植物浇水。人们只是觉得惋惜，责备其他人没有责任感，却忘了责备自己。

我们会发现，在社交群中我们常常会产生一种错觉，那就是很多事情别人会主动去做，使我们认为自己没有必要去做了。事实往往是，几乎所有人都有这样的错觉，于是没有一个人主动去承担责任。我们都成了见证悲剧的旁观者。

人们愿意不断妥协

人们喜欢让有瑕疵的事物变得更加不堪，将瑕疵不断扩大，事态不断恶化，直到无法挽回。这都是因为每个人对于妥协都有一种不断升级的内驱力。

一条干净的街道上，有人随手丢了一张纸片，如果一段时间没有被扫走，就会有更多的人将垃圾随手丢到地上，比如塑料袋、零食包装，等等。过不了多久这条街道就会像垃圾站一样，脏乱不堪。

一面整洁的墙上如果让小孩子随手画上一小道，在今后的日子里，再在上面画更多的道子，用不同颜色的笔涂鸦也成为理所当然。

在很多企业总有兼职成风、上网聊天成风、上网购物成风等群体现象，尽管有违公司利益，严重影响了工作质量和工作效率，是公司规范所不允许的，但是却屡禁不止。

其原因就在于，起初或许只有一两个人敢于越过雷池，但是一个人的工作效率有微小的降低并不会引起整个社交群的不安，因此这个行为也没有受到重视和惩戒。这样直接的结果就是，敢于吃螃蟹的人就能尝到甜头，越来越多的人也开始“享受”破坏规范的好处。于是后果就变得严重了。

你可以主动站出来

小李在下班回家的路上，遇到一个小孩子落水，很多人在围观，却没有一个人跳下水去施救。小李非常着急，他想救人，自己却是个旱鸭子。怎么办呢？

这个时候，他看到围观的人中有一个他认识的人：小区外面报刊亭的杨老板。他曾听说杨老板经常游泳。于是，他大声朝杨老板喊道："杨老板，还不赶快救人啊！"随着小李的喊声，大家的目光都投向了杨老板。

杨老板马上不好意思了，觉得自己再不救人，就会受到众人的唾骂。于是，赶紧跳下水去。看到杨老板跳下去后，有几个人也跟着跳了下去。最后落水的小孩子成功获救。

当我们看到有人需要救助，而周围的人都无动于衷时，自己本来想救人的念头也就会被打消。人越多责任心越会下降，要想使朋友圈更加有凝聚力，就需要一个人站出来，也带领其他人站出来！

解疑答惑

小Q提问：我早上收到一封邮件，说我没能及时完成工作任务，被扣掉部分工资。可是周围很多人都会拖延啊，为什么罚我？

作者回答：你没能及时完成任务，必然要受到惩罚。你可能是受到周围人的影响，但这并不能作为你拖延的理由。"比上不足，比下有余"，周围的坏环境会影响你的工作态度，不要找借口，把别人的懈怠当成是自己懈怠的理由。

小Q提问：小王的衣服上掉了一粒扣子，我本想提醒他，好多朋友也都看见了，却没人吱声，我也就没说什么。但事后小王抱怨我："你怎么也不提醒我，害得我出丑。"难道我不告诉他就没人说了吗？

作者回答：按常理说，我们都会提醒小王。但是当我们正要行动的时候，发现别人也看到了但没有说话，这时候，你也会想还是别说了吧，总会有人告诉他的。这种旁观者心理会分散你身上的责任意识，使对方在危难时得不到帮助。建议你以后要主动帮助他人，不要受外界旁观者的影响。

别让个体的创造力淹没在群体中

正是你的特立独行，

才使得你那么出众！

相信自己，才能找到真实的自己

里根年轻的时候，喜欢到一家店做鞋。有一次他去店里定做一双鞋，鞋匠问里根："你想做什么款式的鞋，是方头的还是圆头的？"里根不知道哪种鞋更适合自己，所以无法做出决定，他对鞋匠说："我回去想想。"

过了几天，鞋匠在街上碰见里根，问："你做了决定了吗？要圆头鞋还是要方头鞋？"里根仍然不知道要什么鞋。鞋匠很无奈地对里根说："嗯，我知道怎么做了。你在两天之后来取鞋。"

两天之后，里根去取鞋，发现：一只鞋是圆头的、一只鞋是尖头的。里根很诧异："这是我的鞋吗？"鞋匠回答："这就是你的鞋。你犹豫那么久都拿不定主意，那就只好我来给你决定了。这是给你的一个教训，任何事情都不能让别人为你决定。"

从此以后，里根遇到任何事情都会自己拿主意。他说："将决定权留给别人，如果他做了最糟糕的决定，最终的受害者就是自己。"

在朋友圈里，或者在团队工作中，我们需要聆听他人的意见，在合作共赢中工作，但我们仍然要保证自己的独立思想。就如美国前总统里根在白宫任职期间，在举行会议的时候就认真听取每个人的意见，然后在权衡周围人的意见之后，坚定、自信地做出决定。

行事要果断，但不要固执己见

在社交上，我们得必须表现出适度的智慧和才干，同时行事果断也是一位成功人士内在气质的外在流露。在职场中，与领导或员工沟通还是做决策，都要做到精确无误、干脆利落。可以想象一个做事犹豫、说话吞吞吐吐的人怎么可能取得较高的成就，又怎么可能影响他人呢？

虽然我们强调行事果断，敢于做决策，但我们也要注意不能陷入固执己见的局面，对外界新鲜事物一概拒绝，而变得自我中心化。

四通是中国改革开放后的第一批民营企业，是民营企业的领头羊。当年四通在中国人尽皆知的时候，华为还是刚起步的小公司。但是，是什么让四通公司衰落了呢？

这中间的过程恰恰反映了阿莱悖论的第一条规则——当时的四通是销售打字机的。这些打字机从国外进口零件，到国内组装，然后在全国销售，由于刚刚改革开放，这种产品的市场刚被激活，这给四通创造了巨大的市场盈利空间。

但是，打字机是一个过渡产品，计算机（PC）很快兴起了——联想作为新秀正在计算机市场上争夺地盘。当时四通内部有人提议要开展计算机业务，但四通决策人的反应则是：如果我们开展计算机业务，我们的打字机怎么办呢？最终，四通在打字机业务上倾注过多，失去了自己的老大地位。

过于保守会让你失去你所拥有的东西，这就是很多人总是在强调成功需要有冒险精神的原因。

解疑答惑

小Q提问：我内心特别渴望被重视，但是性格又腼腆，不敢表达自己，我十分矛盾，我该怎么办呢?

作者回答：你很想展示自己，渴望得到别人的重视，这没有什么不好意思的。你可以在公共场合适当地展示自己的才华，给自己积极的暗示。不要担心会出丑，告诉自己就算出丑也没什么大不了，下次我一定会做得更好。相信你会慢慢建立自信，并受人欢迎的。

小Q提问：我从小就接受很好的教育，做事大方得体，性格也很温和。但是我喜欢的男生就是不喜欢我，反而喜欢一个很个性的“90后”。那个受欢迎的为什么不是我?

作者回答：一个人自身的个性是非常重要的。当你接受了所有的教育和社会规范，并把自己塑造成一个遵守社会上各种规矩的人的时候，你就已经失去了自己的个性和创造力。一个跟大部分人没有什么区别的人，自然不容易引人注意。

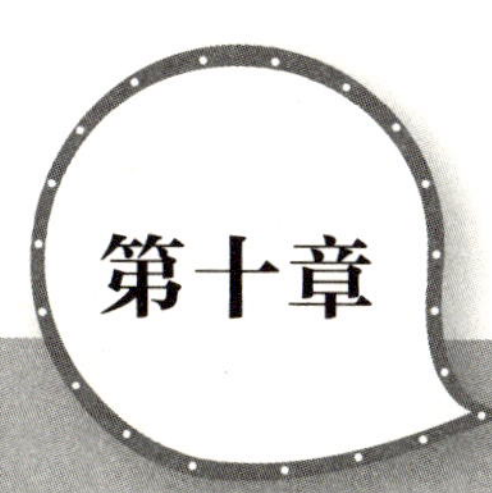

第十章 共赢的世界

友谊也需要用心经营，只有当你足够优秀的时候，才能吸引同样优秀的人，社交网络中的优质资源才能够在最大程度上为你们彼此的互惠互利作出贡献。

避免社交中的“囚徒困境”

整个朋友圈的利益最大时，

你的利益才最大。

囚徒的困境

两个年轻人因为涉嫌抢劫被带到警察局。他们被分别关在两个屋子里接受审讯。在此之前，他们两人根本没有机会互相串供。

现在他们两个内心都十分不安：只要有一个人承认了抢劫，那么另一个人就会受到牵连。最好是两个人都不承认，那么警察查不到东西自然会放走他们。

然而，在利己心的驱动下，囚徒们心里又会想：“我主动承认了可以减轻处罚，坐两年牢就可以了。不然被同伙供出来就不只是两年，可能是四年呢。这么看来，我还是应该主动交代。”

警察也在分析现在的情况。他们认为，这两个囚徒只能有下面几种选择。

（1）两人对抢劫都不承认，都被无罪释放。

（2）其中一个承认，另一个不承认。承认的人得到宽赦，判处两年监禁，不承认的人则被揭发，判处四年监禁。

（3）两人都承认，一起接受惩罚，都被判处四年监禁。

警察通过分析犯罪嫌疑人的心理，认为只有在两人极度相互信任的情况下，才会出现第一种情况。只要两人之间有一点不信任，每个人就会在利己心的驱使下供出他人。最终的审问结果正如警察所料，两人都不信任对方，所以对所犯罪行供认不讳。

团体意识是使朋友圈强大的力量

犯罪嫌疑人虽然暂时保全了自己的利益，但他是放弃了最优选择的。这就是心理学上著名的“囚徒困境”。在这种情况下，个体的行为是自主的，但未必是最优或最符合双方共赢原则的。

确切地说，囚徒困境会滋生出无视理性和规则、只为自身利益考虑的行为，这也是人的自我保护机制使然。

在公共交通高峰时期，如果每一辆车都只为自己方便，而不顾交通规则和其他车辆，就会使交通更加拥堵。最后的结果是，拥堵的时间越来越长，哪一辆车都走不了。然而，我们每天都有早晚高峰，为什么没有出现这样的混乱状况呢？这是因为，大家都知道，只有遵守规则、暂时避让，才能够共同前进。

松下幸之助讲过这样一个故事。

大约十年前，他有一次为了生意上的事和人争执得很凶。后来有人出面调停，那人言辞恳切地对他说：“松下先生，这次你就输了吧！如果你想赢，当然是可以赢的，但你必须体恤属下的立场。为了属下，这次你非输不可。”于是松下牺牲了自己赢的可能。

这个人说得很对，平息这次冲突其实并不难。只要不把责任往别人身上推，多用谅解的语言，以免使人难堪。有些尴尬是可以及时避免或减轻的，这既能解决矛盾，又顾全了大局。

朋友圈作为团体，有着强大的力量

曾有人记录了这样一个镜头。

在军训时，如果被教官罚跑的是某一个学生，则其跑步的动作看起来非常吃力，一圈下来，就会气喘吁吁。相反，如果是整个班集体热身跑圈，三圈下来，学生们并没有什么特殊反应。

在一个社交群体里，人们可以不自觉地与团体保持一致，并做出判断，形成一致印象的心理变化过程。当然，这只是在没有利益冲突的情况下，而一旦有了利益关系，囚徒困境又会上演。但是，囚徒困境并非不可以走出来，在新西兰就有一个很好的例子。

在新西兰，街边的报刊亭既没有人看守，也不上锁。如果有人需要买报纸，他只需要自行把买报纸的钱放下，然后拿走报纸即可。

人们可能会怀疑，这样的卖报方式能够行得通吗？有一些人可能为了自己的私利，拿了报纸却不给钱。

但是这里的人们达成了某种共识。他们认为，如果每个人都偷窃报纸的话，那么以后来买报纸的人也会不方便；政府也可能会出台另外的法律法规规范卖报纸的方式。那样会更加烦琐。所以，为了使自己和他人以后买报纸方便，人们都自愿维持这种无人卖报纸的方式。

这个例子避免了囚徒困境，达到集体利益的最大化，同时达到了个人的利益最大化。人们需要明白的是守规则是为了避免共同背叛带来的恶果。

解疑答惑

小Q提问：我知道在一个辩论队里团结是最重要的，要依从团队的策略。但是，这也是一个展示自我才华的好机会，我特别想突出自己，我该怎么办呢?

作者回答：你一方面想展现自己的才华，另一方面要考虑团队的利益，很显然，你陷入了囚徒困境。你确实可以展示自己，但这样一来，你的团队整体成绩可能会受到影响，你们可能会无缘下次比赛。你衡量一下，就可以知道，还是要以团队利益为重。

小Q提问：为什么我每次一个人在家工作一点效率也没有，但是在单位，效率就特别高呢?

作者回答：在家工作是处于很自由的环境中，在这种环境下人很容易产生懈怠心理，精神不集中。潜意识里会觉得家里是休息的地方，当时的想法是“休息够了再去工作”。相反，在一个集体环境中，你周围的人都在努力工作，你也会受到气氛的感染。把你的第一目标定位在工作上，自然而然就进入了工作状态。

帮助他人，赢得尊敬

你对他人的帮助，

是在为你赢得强大人气做准备！

法布里的良苦用心

中国现代物理研究奠基者严济慈在法国留学时，其导师法布里很欣赏他的才华，一直默默地帮助这个年轻的中国小伙子。

在法布里的精心指导下，严济慈完成了他的博士论文《石英在电场下的形变和光学特性变化的实验研究》。法布里虽然很满意严济慈的这篇论文，但却没有丝毫的夸奖，反而询问严济慈是否同意将论文延迟一两个星期发表。虽然严济慈不理解导师这个一反常态的举动，但还是满口答应了下来。

一周以后，法布里以其出色的成就和资历当选为法国科学院院士。当他首次出席科学院院士大会时，宣读的不是自己的学术所得，而是严济慈的那片博士论文。

法布里虽然没有对严济慈的论文大加赞扬，却把严济慈的名字和才华呈现在了法国科学界的最高圣殿里。法布里以分享学术成果的名义，让严济慈的学术才华得到了法国物理学界最高权威们的掌声，可见其用心良苦。

帮助他人，迎来尊敬

法布里对严济慈的帮助，不仅让严济慈十分感激，而且让他更加敬佩这位导师。难怪会有人说，最聪明的赞美者，是做一些别人所喜欢的事，但却不表明是为他而做的。很多人帮助别人，却不让对方产生被帮助过的压力。这才是给予对方尊重的最高境界。

但凡被人崇拜、受人尊敬的人都是富有爱心，并乐于帮助别人的人。撒切尔夫人就是这样一个人。

撒切尔夫人是曾经叱咤国际政坛的“铁娘子”。有一次，她和内政大臣一起吃饭。有位年轻的女服务员端上来一碗热汤，在往桌子上放的时候，不小心打翻了，结果烫到了内政大臣。

女服务员诚惶诚恐、手足无措，她觉得自己闯了大祸，站在原地不知道该怎么办。

撒切尔夫人见此情景，没有任何责备，反而起身拥抱了这位女服务员，轻声安慰道：“这个错误谁都可能会犯，你别太害怕。”然后才回过头去安慰自己的内政大臣，告诉他这没什么。

中国台湾作家李敖向来以孤高自傲闻名。有一次他参加《鲁豫有约》的录制，主持人鲁豫问他：“大师会崇拜什么人吗？”玩世不恭的李敖不假思索地嬉笑道：“我会照镜子。”鲁豫又问一遍：“难道大师真的不会崇拜什么人吗？”李敖略微想了一下，再次肯定地说：“我从没崇拜过什么人。”

然而，“从没崇拜过什么人”的李敖却在节目里对撒切尔夫人的这件逸事赞不绝口。撒切尔夫人用一个简单的拥抱，安慰了这位处于惊慌中的服务员。这其实是人与人之间最简单的关怀，这种待人态度毫无疑问会赢得他人的好感，受到他人的尊敬。

无独有偶，乔治·布什有一次邀请几位新闻界的朋友到他的度假村野炊。来的人很多，其中有一位电视台的台长杰克·盖利文的小女儿凯蒂在游泳池游泳时，一颗牙齿掉进了泳池，怎么也找不到，凯蒂大哭起来。

看到小凯蒂在哭泣，布什就问发生了什么事。听完之后，他从自己的孩子那里了解到这意味着什么——小凯蒂不能把牙齿放在枕头下给牙仙女了。

布什让助手拿来一张印有这个度假村图案的便笺，选中一块区域，在上面画了个圈，然后写道："亲爱的牙仙女：凯蒂的牙齿正好落在画圈的地方。确实如此，我保证。——乔治·布什。"

这虽是一时的灵感之作，却让人倍感温馨。那一刻，他不是闻名全球的乔治·布什，也不是身居庙堂之高的美国总统，而是一位风趣、幽默的父亲。他用自己的爱心赢得了别人的尊重。

解疑答惑

小Q提问：我觉得我们没有必要同情弱者，我们处在一个竞争激烈的社会，适者生存。一个人能力不够自然会受苦受难。我凭什么要帮助他们?

作者回答：你奉行的是优胜劣汰的丛林法则，但是，看到弱者产生同情心是人的本能。并不是所有的困难只靠自己的努力就能克服。很多时候，我们都需要别人的帮助。你在别人危难的时候不救助，不仅会被孤立，当你遇到困难的时候，也得不到救援。在社会这个社交网络里，帮助别人也是帮助自己。

小Q提问：我看到一个很可怜的旅行者因丢失了钱包在乞讨，就捐了自己的零花钱。但是，我今天从那里经过，发现她还在乞讨。她利用我的善良来赚钱，我以后再也不帮别人了。

作者回答：确实会有人利用我们的同情心来骗钱。但是，不要因此丧失了对社会的信心。你需要做的就是提高自己辨别是非的能力，分辨出哪些人是需要帮助的，哪些是职业乞丐。当你不能辨别的时候，也要尽量去帮助别人。因为你的一个善举，也许真正能帮助他人走出困境。

戒除贪欲，有舍才有得

鱼与熊掌不可兼得，

你只有舍弃一部分，才能得到一部分。

有舍才有得

1999年3月，马云以50万元人民币在杭州创建了阿里巴巴网站，随着融资的不断增加和业务的不断开展，网购平台淘宝网应运而生。

在2003年淘宝网创建之初，易趣网已经捷足先登，占领了较大的市场份额。面对激烈的竞争形势，阿里巴巴总裁马云做出了一项惊人之举：淘宝网免收交易服务费并打出淘宝网上“没有淘不到的宝贝，没有卖不出的宝贝”的口号。2005年10月，阿里巴巴在对淘宝网追加10亿元人民币投资的同时宣布：淘宝网继续免费使用三年。

就这样，淘宝网渐渐做强。到目前为止，根据第三方权威机构调研，淘宝网注册会员超过6 200万人，淘宝网已经占据了中国网购市场70%以上的市场份额，淘宝网已成为广大网民网上创业和以商会友的首选。仅2007年，其全年成交额已经突破433亿元。

淘宝网通过大量的投入和免费的策略打破了易趣在网购方面一统江湖的位置，抢占了更多的市场份额。淘宝网的“免费政策”，为其带来了巨大的经济收益。

马云的策略是成功的。目前在中国市场上，淘宝的份额已领先易趣了，并且迫使一直坚持收费的易趣也不得不宣布免收交易服务费。

对于自己的成功，马云也不无感慨地说："如果在一年半以前，易趣采取免费策略的话，淘宝今天的日子就没有这么好过了。但现在淘宝的气势起来了，易趣就没有机会了。"

以退为进，当舍则舍

淘宝网免收服务交易税，放弃了一大笔交易额收入。但是，这也赢得了大批量的用户注册淘宝网，使淘宝网成为最大的交易网站。这就是以退为进、有舍有得。

惠普公司也曾采取过类似的战略来赢得客户。

作为一种促使Sun公司的Solaris操作系统用户转向使用惠普公司基于Linux开放式操作系统的激励措施，惠普表示将向Sun公司的Solaris操作系统用户免费提供包括系统评估、应用软件移植和数据移植在内的总价值2.5万美元的服务和设备。

从表面上看，惠普公司为每位用户提供了2.5万美元的"免费午餐"是"吃亏"的，而实际上，这是一种典型的吸引拿不定主意的客户的营销策略。2.5万美元只不过是惠普公司为了放长线钓大鱼而预先付出的一点"诱饵"。一旦Sun公司的用户被惠普吸引过去，那么该用户需要付一笔系统软件的费用给惠普公司。与这笔巨额费用相比，惠普提供的2.5万美元不过是"九牛一毛"。

有舍才有得。舍弃一部分小利益，可以换取更大的利润。不肯舍弃一点儿小利益，也就难以获得更大的利润。

看看你周围的这些社交网络，你总会发现有那么一些人是可交可不交的，如食之无味弃之可惜的鸡肋。还有这样的情况，一个朋友圈与另外一个朋友圈里的人矛盾很深，你处在中间十分尴尬。这个时候你就要量力而行，到底加入哪个阵营还要根据你的现实需要做长久的打算。

朋友圈都会有不足，要善于利用

每个朋友圈作为一个小团体，有着共同的目标、法则、信仰，同样也有弱点。

日本的钢铁和煤炭资源短缺，渴望购买澳大利亚生产的煤和铁，于是日本人想尽办法把澳大利亚人请到日本去谈生意。澳大利亚人一般都比较谨慎，讲究礼仪，而不会过分侵犯东道主的权益。

澳大利亚人到了日本，双方在谈判桌上的相互地位就发生了逆转。澳大利亚人过惯了富裕而舒适的生活，他们的谈判代表到了日本没几天，就急于回到故乡别墅的游泳池、海滨和妻儿身旁去，在谈判桌上常常表现出急躁的情绪；而作为东道主的日本谈判代表则不慌不忙地讨价还价，掌握了谈判桌上的主动权。

结果日本方面仅仅花费了少量款待作“鱼饵”，就钓到了“大鱼”，取得了大量谈判桌上难以获得的利益。

日本人在了解澳大利亚人的“民族特性”之后，采取本土作战计划，宁可多花招待费用，也要把谈判争取到自己的主场进行。然后充分利用主场优势掌握谈判的主动权，使谈判的结果最大限度地对己方有利。

当一个朋友圈和另外一个朋友圈“过招”时，抓住对方朋友圈的弱点就会稳操胜券，甚至反败为胜。

解疑答惑

小Q提问：我的朋友社交网挺宽的，但是，其中一个人老是说脏话，这让我十分反感，我该怎么办?

作者回答：朋友圈里总有令你不满意的人和你看不惯的事。有些人会选择退出这个社交群体，有些人则能够很好地利用和经营这个社交群体。其实你可以委婉地向这个人提出意见，说脏话虽然不文明，但每个人都有话语权。所以你能做的就是尽量包容社交群体中的不足。

小Q提问：我花20元去看电影，售票员说需要再加10元才能看我想看的3D电影。于是，我又花了10元。可花了时间看这种烂片子又很后悔。我真是郁闷死了。

作者回答：当时你肯定会想：不看，已经花了20元了；看，总有一种被逼着花钱的感觉。你考虑了许久，最后还是决定再花10元。而当你看完电影之后，又后悔自己花了这么长时间看这种烂片子。你当时的心理状态是十分纠结的。但是，有些事情是不可挽回的，既然如此就一定要当断则断，不要过多地浪费自己的时间和精力。

合作的效能永远大于竞争

整个朋友圈发展得好，个人才能发展得好；

每个人都破坏一点，整个朋友圈也将会毁于一旦。

“大河满了，小河的水也就涨起来了”

洪金宝，这位号称世界上最敏捷的胖子，亦是现代香港影坛一位极富创造力的重量级人物。他在影视上很有建树，尤其是在喜剧片、功夫片、恶作剧片等方面，主演过《败家仔》《少林门》《龙争虎斗》《战神传说》《乱世儿女》等影片，被人称作是20世纪80年代香港影坛的“大哥大”“杂家小子”。

洪金宝的成功与一个人有莫大的关系，这个人就是他的师父于占元。由洪金宝领衔的“七小福”，就是出自于占元当年创办的“中国戏剧研究学院”。于占元在一次京剧表演中，选了元龙、元楼、元彪、元奎、元华、元武、元泰七人担任《七小福》的主角。成龙当时的艺名为元楼，元龙则是大师兄洪金宝的艺名（待到后来，年长成龙五岁的洪金宝约满先行出师闯荡影坛时，成龙才顶了元龙之名）。因为演出非常成功，于占元便借此组了个“七小福”。

因为于占元在娱乐界里四通八达，交际广泛，甚至有很多关系直通电影圈。所以，“七小福”一出道就占据了天时、地利、人和。这一时期正是武侠功夫电影如日中天又嬗变的时候，既有足够的大众注意力让他们成名，又有很大的空间供他们龙腾虎跃、施展才华。于占元的女儿于素秋是20世纪60年代香港的武侠片女星，于占元本人也经常参演武侠剧，洪金宝的爷爷也是电影片场的头头。

洪金宝进入电影圈后，拉了成龙一把，再拉元彪一把。用成龙多年以后的话说：我服从洪金宝就像儿子服从父亲一样，元彪服从我也是这样，兄弟姐妹们并肩闯荡演艺圈，因缘际会大浪淘沙，得到今天的成就，不过就是电影圈里这条大河满了，小河的水也就涨起来了。

大河干涸，一定没有小河的份

洪金宝的成功看上去是由于他的人际关系足够强大，其实是因为他处于一个电影事业蓬勃发展的时期。在这样一个环境中，英雄才有用武之地。只有大环境的有利条件才能塑造一个人的能力，才有我们展示才华的机会。但是，很多人往往只局限于自己，不考虑整个大环境的作用。

实际上，有些人在私人领域显得很有责任心，与亲人、朋友和睦相处，但是当他到了公共领域，就变得“不拘小节”了。随手丢垃圾、在建筑物上乱画、采摘公园的花等行为就会“冒”出来。这是我们常常遇到的现象，这种现象被称为“公地悲剧”。

“公地悲剧”反映的是人们的一种无节制的利己心理，以及对别人的不信任。由于在公共领域，个体的责任被淡化，而个体对陌生的他人也不容易产生信任心理，因此，人们总是表现为“只扫自己门前雪，不管他人瓦上霜”。

2006年，上海杜莎夫人蜡像馆正式对外开放。但仅仅一周时间，就有许多蜡像受损，主办方不得不将一些受损蜡像“回炉”加工。

虽然125元的票价不算太低，但是希望目睹名人蜡像的游客仍然很多。伴随着游人越来越多，管理者发现，种种不文明现象也在逐渐增多。

“刘德华”由于受损严重已经暂时迁出蜡像馆，而蜡像馆内设置的重力模拟器则完全失效，F1赛车的周围也已经装了加护栏杆。后来参观蜡像馆的人们会发现，在某些参观区域，一些保安被安置进来以维持秩序，提醒游客不要掰扯蜡像。

在参观蜡像馆的过程中，一些游客为了最大限度地获得身心享受，而没有想到自己的行为对蜡像以及周边的公共设施构成了损害。

游客的这种行为，不仅加大了蜡像馆的经营成本，还影响了后来游客的参观质量。

那么，如何改善“公地悲剧”所带来的弊端呢？心理学家支了招。

1.沟通。比起竞争和互不干涉来说，个体之间的沟通与合作能够更有效地解决这种困境。

2.改变激励机制。使自私的行为受到越来越少的好处，人们才会从利他的角度负起自身的责任。

在朋友圈中，合作的效能要大于竞争。这符合我们常说的那句俗话“大河有水小河满”。反过来，大河干涸，一定也没有小河的份。

解疑答惑

小Q提问：我看到路上有人吃了早餐随手把垃圾一扔，刚开始反感，后来就习惯了，现在自己都扔起来了，我的素质怎么也被拉低了?

作者回答：当你看到有人扔垃圾时，你首先是鄙视的。随后，你就是见怪不怪了，再之后，你自己也开始随地扔垃圾了。你周围的环境渐渐把你同化了，当你的责任感被淡化之后，你就会逃避责任，不再有大局意识。但是，你也处在这样一个环境下，并不会被人尊敬。

小Q提问：我跟客户虽然有业务上的交流，但是我们也有分歧。他总想让己方获利更多，有自己的小心思。这使我们不能很好地合作，我该怎么办?

作者回答：合作中有分歧是难免的，但是，如果对方不为共同的目标考虑，而是想在合作中谋求更多的个人利益，这是非常不明智的。你可以很诚恳地跟对方交流一下，劝说他们以大局为重。只有肩负起自身的责任，才能使合作达到最佳状态，获得双赢。

构建你的人际金字塔

很多人的成功，

不是能力的成功，

而是人际关系的成功！

小布什的交际圈

读书不怎么优秀的小布什，为什么能击败学识渊博的戈尔，当选美国总统？

小布什也承认，自己小时候十分调皮捣蛋。他十二岁开始学抽烟，说话带脏字，欺负自己的弟弟。去教堂碰见修女不是说“小姐，您早！”而是说“嘿，小妞儿，看起来够性感的哟！”气得老布什夫妇只能面面相觑。

小布什上中学时好玩、喜欢恶作剧，见到书本就头痛，成绩奇差。后凭借父亲的关系进入耶鲁大学，主修历史，成绩很一般，大多课程仅得C。他还修过政治学与经济学，但成绩十分糟糕，唯有哲学和人类学成绩好一些，获B+。他在耶鲁大学选修的“美国政治制度导论”仅获73分，“国际关系导论”也只有71分。

没人能想到这样一个人，在53岁时竟成为美国总统。

小布什书读得不好，在其他方面却有过人之处。

在大学4年的“玩乐嬉笑”中，他结识了4 000多名耶鲁大学在校生的1/4，而这1 000多名同学为他日后从政打下了坚实的人际基础。

1 000多人的名字常人是记不住的，而小布什记住了。他早年的同事马克·安奇说：“即使你和他只见过一面，他也能记住你的名字。”

小布什交友的本领的确不一般。1994年，他竞选得克萨斯州州长成功。得州的副州长是民主党的元老，任副州长20多年，脾气大、难以合作是出了名的，连民主党的州长也觉得此人难缠，可共和党的小布什却能把政见不同的副州长弄得服服帖帖。以至于此人最早放言道，小布什早晚会成为美国总统，令民主党人哭笑不得。

构建人际金字塔

小布什的成功很大程度上是依靠人际关系的成功。虽说其他能力不可或缺，但是，人际关系却是把你引入成功的捷径。现在，你就可以在脑子里过过电影，看自己能记住多少朋友的名字、相貌、生日……过去有人说“书到用时方恨少”，其实朋友也需像积累知识一样积少成多。

人际关系的积累是建立强大朋友圈的基础，但更重要的是，你要建立高质量的朋友圈。人际关系就像一座金字塔，数以十亿计的那些连你名字都不知道的人构成金字塔的塔基，极少数的人构成金字塔的塔顶。建塔的过程就是你与陌生人关系一步步深化的过程。而将建成怎样规模的金字塔，完全取决于你自己。

美国专业作家维利伍德与销售专家杰尔·厄卡夫合著的《关系决定成败》一书中，提出了人际关系的金字塔结构，共分为六层。这个结论告诉我们，其实每个人都生活在金字塔结构的人际关系中，而且一个人拥有关系的多寡和质量的好坏，在很大程度上决定了一个人的生活品质和生活的丰富程度。

根据这一理论，人际关系金字塔的构造一共分为以下六层。

塔基：不知道你名字的人

第一层：知道你名字的人

第二层：喜欢你的人

第三层：对你友善或者友好的人

第四层：尊重你的人

塔顶：看重与你关系的人

任何人都有这样一座金字塔，当你作为主动的个体去结识人时，你可以利用别人金字塔的构造，一步步攀上别人的塔顶。你要做的就是，让更多的人成为塔顶上的那一个。

攀登人际关系金字塔

假设现在你要结识一个人，你可以形象地把这个过程看作攀登金字塔的过程，如何从塔基爬到塔顶，你需要步步为营。

第一步，让不知道你名字的人知道你的名字。记住别人名字意味着你对他们的尊重，而你也会对脱口叫出你名字的不熟悉的人心存感激。而让人记住你名字的最好方法，就是你要记住并经常使用他们的名字。如果你在拜访潜在客户或者和同事碰面时，每次都能叫出他们的名字，他们会因为叫不出你的名字而尴尬。最终，为取得回应，他们同样会记住你的名字。

第二步，让知道你名字的人喜欢你。你首先要给对方留下一个美好的第一印象，然后施展你的魅力去感染他、吸引他，最好能用自己最突出的个性给对方留下深刻印象，然后制造下一次见面的机会，使其在交往中渐渐喜欢你。

第三步，让喜欢你的人对你友好。喜欢你的人不一定会对你表现出友好，而对你友好的人必然是喜欢你的。当你确定对方已经开始喜欢你的时候，要设法激起他对你的兴趣，以两人共同爱好为谈资，迅速拉近距离，彼此间的相互友好也就产生了。

第四步，让对你友好的人尊重你。想想看，你愿意尊重什么样的人？多半是那些谈吐不俗、气质非凡、具有优秀品格且有影响力的人。那么，想别人尊重你，你要做的就是尽量让自己也具有以上特质。

第五步，让尊重你的人看重与你的关系。有一句风行一时的热门连续剧台词叫作“越是有用的人，越会被利用得很惨”，在现实中，“惨”到不至于，被利用越厉害的人，越说明他有利用价值。

其实，即便你爬上了人际关系的金字塔，也不一定能够一劳永逸。人际关系的经营是一个长期的过程。你要常常反思，发现你所在朋友圈里的不足之处。

解疑答惑

小Q提问：我叫仉冰，好多人都不认得我的姓氏，常常会叫错。这使我很尴尬，尤其是在交朋友的时候，人家都不知道我的名字，我该怎么办呢？

作者回答：你的姓氏我也不知道怎么读，查了下字典才知道念zhǎng。既然你的名字这么难念，你不妨主动向他人介绍自己。当别人叫错你名字的时候，你不妨开玩笑说："我的这个姓氏看上去简单，实则不简单啊……"跟周围的人开个玩笑，尴尬的气氛自然会缓解，说不定还能让人对你印象深刻呢。

小Q提问：我讨厌被别人利用，但是看到以前主动找我的人去找别人帮忙，心里还挺不是滋味的，我怎么会这样?

作者回答：人都不希望被利用，但是，人与人之间的关系就是靠利益维持的。你不希望事事都被人利用，但也不希望事事都与你无关吧。你要是表现得乐于被别人利用，别人才会更加看重你。因为你在行动中表达了这样一个意思：我让你利用，说明你值得，你是我的朋友。人与人之间的交往都是互相的，在理解的层面上达成一致，人才能进一步确立信任的关系。

后 记

常年奔波在外，还有时间看书和写字，这实在是一件幸事，而这也得益于我的团队以及我的助手们的一起努力，这本书的出版是我们共同的心血。

这个时代，是一个主动学习的时代，是一个不进则退的时代，互联网思维正在颠覆着一切。在这样的环境之下，我们的学习，不再是对知识的简单理解和掌握，不再是文凭或学历的积累，我们更需要学习来自社会实践的每一门课程——关于人际关系、关于两性关系、关于演说与沟通、关于自我情绪控制、关于财商管理、关于经营之道和领导力，等等。如此之多有待我们掌握的生存之道，往往让我们无从下手，仿佛一下子让我们回到了脑袋空空的状态中。

是的，这是一个需要主动清零，重新出发的机会时代，你用多大的胸怀拥抱外在的世界，外在的世界就将给你多大的回报。新思想公司的成立，正是架起了你与世界连接的桥梁，我们将数十年的奋斗经验、创业心得以及经营之道悉数传授给你。

新思想公司以“培养世人的富人观念，提高世人的财商，帮助世人实现财务自由”为使命，致力于为实现自我改变的人提供服务。通过这几年的努力，我们帮助数万人实现了财务自由，因此也让新思想公司成为国内知名的财商教育品牌。我们寄希望于，帮助那些在财务困境中挣扎的人，教会他们掌握创造个人财富以及高效理财的思维方式和技能手段，让财商成为他们最重要的生存能力。

我们一直在努力，我们在全国各地开办一些大型公开课，在北上广深等每个城市都留下了我们的足迹——我们只为让你更早地了解到财务自由的秘密。而我——作为新思想公司的营销总策划，总是寄希望于你能亲临现场与我们一起学习和前行。通过交流，不仅可以学习到我的关于人性、两性和心灵的精彩演讲，你还可以聆听到新思想创始人周文强董事长的精彩分享，关于总裁运营之道，关于财商之道等。携手前行，让我们一起寻找让企业实现自动化运营以及快速实现业绩倍增的秘密。

商业课题的研究和出版只是我们商业实践的缩影，我们所总结的经验也可能是一次滞后了的传播。而世事常新，每时每刻都在变化之中，我们愿你能与我们构建一次连接，我们将用最新的实践和创意为大家的企业经营、财富创造、创业工作带来积极的帮助，那么，我们将倍感欣慰。

商业之道，始于身体力行。

新思想 · 连接你我

2015年5月